本书技术来源及出版均由公益性行业（农业）科研专项经费项目
"南方地区幼龄草食畜禽饲养技术研究"（项目编号：201303143）资助

南方地区经济作物副产物
饲料化利用技术

◎ 刀其玉　张乃锋　主编

中国农业科学技术出版社

图书在版编目（CIP）数据

南方地区经济作物副产物饲料化利用技术／刁其玉，张乃锋主编．—北京：
中国农业科学技术出版社，2017.6

ISBN 978-7-5116-3088-9

Ⅰ.①南…　Ⅱ.①刁…②张…　Ⅲ.①南方地区–经济作物–饲料加工–研究
Ⅳ.①S56

中国版本图书馆 CIP 数据核字（2017）第 109146 号

责任编辑	张国锋
责任校对	李向荣

出　版　者	中国农业科学技术出版社
	北京市中关村南大街 12 号　邮编：100081
电　　　话	（010）82106636（编辑室）　（010）82109702（发行部）
	（010）82109709（读者服务部）
传　　　真	（010）82106631
网　　　址	http://www.castp.cn
经　销　者	各地新华书店
印　刷　者	北京富泰印刷有限责任公司
开　　　本	710mm×1 000mm　1/16
印　　　张	11.25
字　　　数	220 千字
版　　　次	2017 年 6 月第 1 版　2017 年 6 月第 1 次印刷
定　　　价	38.00 元

《南方地区经济作物副产物饲料化利用技术》
编写人员名单

主　　编　刁其玉　张乃锋

副 主 编　（按姓氏笔画排序）

王子玉　杨　琳　　欧阳克蕙　屠　焰
谢　明　谢晓红　　瞿明仁

参编人员　（按姓氏笔画排序）

刁其玉　王　翀　　王子玉　王文策
王世琴　邢豫川　　任永军　江喜春
李丛艳　杨　琳　　张　健　张乃锋
张婷婷　欧阳克蕙　孟春花　赵向辉
袁春兵　聂海涛　　徐建雄　徐铁山
郭志强　黄艳玲　　黄德均　屠　焰
蒋　安　谢　明　　谢晓红　雷　岷
魏金涛　瞿明仁

前　言

南方地区生态气候多样，水热资源丰富，土壤肥沃，生态环境良好，经过长期自然和人工的选择，形成了丰富的地方植物品种资源，种植业基础好。南方各省区市除种植大量的粮食作物外，还具有种类繁多的经济作物，如油菜、麻类、茶、桑、柑橘、甘蔗、香蕉、木薯等。统计数据显示，南方地区粮棉油糖总产量占全国比重约为 52.5%，其中粮食产量占全国的 44.1%，油料产量占 50.7%，糖料产量占 91.2%。经济作物在为人类提供衣食原料的同时，也产生了大量的副产物，如甘蔗渣和甘蔗梢叶产量约 8 317.8万 t，占全国总量的100%；油菜秸秆产量为 2 233.2万 t，占全国总量的 82.5%；香蕉茎叶约1 994.2万 t，占全国总量的100%；麻叶302 万 t，占全国总量的85.4%。这些经济作物副产品来源广泛，价格低廉，含有蛋白质、能量、纤维及其他可供动物利用的营养素，可被草食畜禽充分利用，可作为草食畜禽饲料进行开发利用。

农业部于 2013 年启动了公益性行业（农业科研专项）"南方地区幼龄草食畜禽饲养技术研究"（编号 201303143），以摸清近年来经济作物副产物在草食畜禽中的利用现状，挖掘南方地区经济作物副产物作为草食动物饲料资源的潜能。经过近几年的实施，项目取得了阶段性的成果。为推进科研与生产的紧密结合，由项目首席专家牵头，各参加单位参与，共同编著了《南方地区经济作物副产物饲料化利用技术》一书。本书共 6 章，包括南方经济作物副产物利用总体概况、纤维作物、油料作物、糖料作物、果类副产物及其他非常规饲料等。内容通俗易懂，实用性强。本书可供畜牧工作者参考。

由于水平有限，本书难免有遗漏、不妥和错误之处，敬请读者和同行不吝指正。

编者

2017 年 4 月

目　　录

第一章　南方地区经济作物副产物利用概况 …………………………… 1

　第一节　我国南方地区草食畜禽养殖现状 ………………………… 2

　　一、存栏、分布及畜禽产品产量 ………………………………… 2

　　二、养殖品种及生产性能 ………………………………………… 5

　　三、养殖规模及饲养方式 ………………………………………… 6

　第二节　南方地区经济作物副产物产量及分布特点 …………………… 8

　第三节　南方地区经济作物副产物的加工利用现状 ………………… 10

　　一、技术支撑不足，产业化程度不高 …………………………… 11

　　二、认识不足，重视不够，缺乏政策支持 ……………………… 12

　　三、加强南方地区经济作物副产物的利用 ……………………… 12

　参考文献 …………………………………………………………… 14

第二章　纤维作物副产物 ……………………………………………… 15

　第一节　麻类作物副产物的饲料化利用 ………………………… 15

　　一、概况 …………………………………………………………… 15

　　二、营养价值 ……………………………………………………… 16

　　三、加工利用技术 ………………………………………………… 18

　　四、动物饲养技术与效果 ………………………………………… 19

　第二节　蚕桑作物副产物的饲料化利用 ………………………… 22

　　一、概况 …………………………………………………………… 22

　　二、营养价值 ……………………………………………………… 25

　　三、加工利用技术 ………………………………………………… 29

　　四、动物饲养技术与效果 ………………………………………… 32

第三章　油料作物副产物 ……………………………………………… 40

　第一节　花生作物副产物的饲料化利用 ………………………… 40

　　一、概况 …………………………………………………………… 40

二、营养价值 …………………………………………………… 41
三、加工利用技术 ……………………………………………… 46
四、动物饲养技术与效果 ……………………………………… 51
第二节 油菜作物副产物的饲料化利用 ……………………… 53
一、概况 ………………………………………………………… 53
二、营养价值 …………………………………………………… 54
三、加工利用技术 ……………………………………………… 56
四、动物饲养技术与效果 ……………………………………… 57
第三节 大豆副产物的饲料化利用 …………………………… 59
一、概况 ………………………………………………………… 60
二、营养价值 …………………………………………………… 61
三、加工利用技术 ……………………………………………… 62
四、动物饲养技术与效果 ……………………………………… 64
第四节 棕榈副产物的饲料化利用 …………………………… 66
一、概况 ………………………………………………………… 66
二、营养价值 …………………………………………………… 66
三、加工利用技术 ……………………………………………… 67
四、动物饲养技术与效果 ……………………………………… 67
参考文献 …………………………………………………………… 69
第四章 糖料作物 ………………………………………………… 72
第一节 甘蔗副产物的饲料化利用 …………………………… 72
一、概况 ………………………………………………………… 72
二、营养价值 …………………………………………………… 73
三、加工利用技术 ……………………………………………… 74
四、动物饲养技术与效果 ……………………………………… 77
第二节 木薯副产物的饲料化利用 …………………………… 79
一、概况 ………………………………………………………… 79
二、营养价值 …………………………………………………… 80
三、加工利用技术 ……………………………………………… 80
四、动物饲养技术与效果 ……………………………………… 81
第三节 甘薯副产物的饲料化利用 …………………………… 82
一、概况 ………………………………………………………… 82
二、营养价值 …………………………………………………… 82

三、加工利用技术 ……………………………………… 83

四、动物饲养技术与效果 ………………………………… 84

第四节 马铃薯副产物的饲料化利用 ……………………… 85

一、概况 ……………………………………………… 85

二、营养价值 …………………………………………… 85

三、加工利用技术 ……………………………………… 86

四、动物饲养技术与效果 ………………………………… 87

参考文献 ……………………………………………… 88

第五章 果类副产物 ………………………………………… 90

第一节 香蕉副产物的饲料化利用 ……………………… 90

一、概况 ……………………………………………… 90

二、营养价值 …………………………………………… 92

三、加工利用技术 ……………………………………… 94

四、动物饲养技术与效果 ………………………………… 97

第二节 柑橘副产物的饲料化利用 ……………………… 100

一、概况 ……………………………………………… 100

二、营养价值 …………………………………………… 102

三、加工利用技术 ……………………………………… 107

四、动物饲养技术与效果 ………………………………… 112

第三节 椰子副产物的饲料化利用 ……………………… 116

一、概况 ……………………………………………… 116

二、营养价值 …………………………………………… 116

三、加工利用技术 ……………………………………… 117

四、动物饲养技术与效果 ………………………………… 118

参考文献 ……………………………………………… 119

第六章 其他非常规饲料 …………………………………… 122

第一节 笋副产物的饲料化利用 ………………………… 122

一、概况 ……………………………………………… 122

二、营养价值 …………………………………………… 123

三、加工利用技术 ……………………………………… 126

四、动物饲养技术与效果 ………………………………… 132

第二节 茶副产物的饲料化利用 ………………………… 134

一、概况 ……………………………………………… 134

二、营养价值 ……………………………………… 138

三、加工利用技术 …………………………………… 146

四、动物饲养技术与效果 …………………………… 151

第三节　辣木的饲料化利用 ………………………… 156

一、概况 ……………………………………………… 156

二、营养价值 ………………………………………… 157

三、辣木加工利用技术 ……………………………… 165

四、辣木动物饲养技术与效果 ……………………… 165

参考文献 ……………………………………………… 167

第一章

南方地区经济作物副产物利用概况

我国南方地区是指东部季风区的秦岭—淮河一线以南的地区，属于亚热带季风气候和热带季风气候，主要是长江中下游平原、珠江三角洲平原、江南丘陵、四川盆地、云贵高原、南岭、武夷山脉、秦巴山地等地（吴殿廷，2001）。本书所指南方地区包括安徽、福建、广东、广西壮族自治区（以下简称广西）、贵州、海南、湖北、湖南、江苏、江西、四川、云南、上海、浙江、重庆，共15个省（自治区、直辖市）。南方地区气候温暖、雨量充沛，年平均气温为14~28℃，年平均降水量1 200~2 500mm。

南方地区生态气候多样，地形复杂，水热资源丰富，土壤肥沃，植被覆盖率高且恢复能力强，生态环境良好，经过长期自然和人工的选择，形成了丰富的地方植物品种资源，种植业基础好。南方各省区市除种植大量的粮食作物外，还具有种类繁多的经济作物，如油菜、麻类、茶、桑、柑橘、甘蔗、香蕉、木薯等，大量的经济作物在为人类提供衣食原料的同时，也产生了大量的副产品。这些经济作物副产品含有一定的蛋白质、能量、纤维及其他可供动物利用的营养素，可被草食畜禽利用，因此具有很大的饲料资源开发潜力。南方地区雪灾、旱灾和风灾等自然灾害较少，具有发展草食畜牧业的优越自然条件。

南方地区气候及自然条件优越，素有养殖牛、羊、兔、鹅等草食畜禽的传统，畜禽品种资源丰富。随着经济的快速发展和人们生活质量的提高，对畜禽产品的需求也越来越多。南方由于其充足的水热条件和丰富的植物资源，为草食畜禽养殖提供了饲料基础，有着巨大的生产潜力。

南方地区有着大面积的草山草坡资源，还有大面积的农作物和经济作物种植，其副产物产量大、来源广泛、价格低廉，可供开发草食畜禽饲料的资源非常丰富。由于优越的自然环境条件因素，南方地区草食畜禽品种丰富，耐粗饲能力强，当地的牛羊等反刍动物，可以很好地消化和利用这些饲草料资源。兔是草食小家畜，饲草等粗饲料在日粮中的比例也比较大。鹅是草食禽，可以利用大量的粗饲料，降低饲养成本。草食畜禽饲养对解决南方地区粮食短缺问题、节约饲料用粮，增加当地畜产品产量有着重要的经济和社会效益，养殖潜力巨大，应当进行大力发展。同时，由于我国北方牧区草场载畜负荷较大，不宜继续扩大牛羊等草食畜禽的养殖规模，南方地区将是我国草食畜牧业未来发展的重点区域之一。

第一节　我国南方地区草食畜禽养殖现状

《全国节粮型畜牧业发展规划（2011—2020）》中提出了我国节粮型畜牧业中长期的发展规划及目标。节粮型畜牧业，是指充分利用牧草、农副产品、轻工副产品等非粮饲料资源，在减少粮食消耗的同时达到高效畜产品产出的畜牧业，主要包括牛、羊、兔和鹅等，目标是在 2020 年，我国牛、羊、兔、鹅肉产量将分别达到 740 万 t、470 万 t、100 万 t、270 万 t。农牧发〔2015〕7 号文件《农业部关于促进草食畜牧业加快发展的指导意见》中指出，草食畜牧业是现代畜牧业和现代农业的重要组成部分，是推进农业结构调整的必然要求和适应消费结构升级的战略选择，是实现资源综合利用和农牧业可持续发展的客观需要，并对促进草食畜牧业的发展提出了重要指导意见。

统计数据显示，2014 年我国牛肉和羊肉的产量分别为 689 万 t 和 428 万 t，兔和鹅肉产量达到 82.9 万 t 和 241 万 t（鹅肉产量为 2013 年数据）。我国南方地区人口占全国总人口的 58%，经济规模占全国的 57%，对肉类产品的需求大且品质要求高，特别是牛羊肉需要从北方地区大量调入或依赖进口，因此加强南方地区草食畜禽养殖，增加本地区的产肉量，对于稳定经济发展、提高居民生活水平是非常必要的。有统计资料显示，我国南方地区饲料用粮占南方地区粮食总产量的 1/3，饲料用粮挤占食用粮问题严峻，威胁到南方地区的粮食安全（李蕊超等，2015）。近年来，国家对南方地区草食畜牧业的发展高度重视，多次提出发展南方地区草食畜牧业的重要性。南方地区光、热、水土资源丰富，种植业发达，素有养殖草食畜禽的传统，用于草食畜禽饲养的饲料资源来源广泛，产量充足并且价格低廉，这为草食畜禽产业的发展奠定了可靠的基石，有着巨大的潜力和社会经济效益。南方草食畜禽养殖作为全国节粮型畜牧业的一部分，占有非常重要的地位。

☞　**一、存栏、分布及畜禽产品产量**　☜

统计数据显示（表 1-1），2014 年我国南方地区牛存栏 4 527.8万头，占全国牛存栏的比例为 42.8%，其中肉牛存栏 2 868.2 万头，占全国的比重为 40.7%；牛出栏 1 551.3 万头，占全国的比重为 31.5%；牛肉产量为 193.1 万 t，占全国的比重为 28.0%，占南方肉类总产量的 3.9%。

我国南方地区牛存栏量较大的省份有四川、云南、贵州、湖南、广西，年末存栏量分别为 983.9 万头、750.8 万头、495.9 万头、456.8 万头、448.6 万头，这 5 省区的牛存栏量占到南方地区牛存栏量的 69.3%，占全国牛存栏量的 29.6%，属于南方地区乃至全国的养牛大省。肉牛存栏量排在前五的省份有云南、四川、湖南、贵州、江西，年存栏量分别是 681.3 万头、529.4 万头、339.8 万头、290.6 万头、246.3 万头，这 5 省区肉牛存栏量占到南方地区的 72.8%。牛肉产量较大的省份有云南、四川、湖北、湖南、安徽，产量分别为 33.6 万 t、33.4 万 t、21.9 万 t、18.9 万 t、17.9 万 t，占南方地区牛肉产量的 65.1%。从统计数据可以看出，我国南方各省区都有牛的养殖，肉牛养殖占重要部分，养殖数量大，分布较为集中，主要在四川、云贵地区及湖南、湖北、江西等地带。

南方地区养羊历史悠久，养殖数量大。统计数据显示，2014 年我国南方地区羊存栏 5 988.9 万只，占全国羊存栏量的 19.8%，其中山羊、绵羊的存栏量分别为 5 590.4 万只、398.5 万只，占南方地区羊存栏量的比例分别为 93.3%、6.7%。2014 年南方地区羊出栏 6 434.0 万只，占全国羊出栏的比例为 22.4%；羊肉产量为 101.0 万 t，占南方肉类总产量的比例为 2.0%，占全国羊肉产量的比例为 23.6%。

我国南方地区养羊较大的省份是四川、云南、安徽、湖南、湖北和江苏，存栏量分别为 1 750.8 万只、1 008.0 万只、642.8 万只、529.0 万只、469.9 万只、413.8 万只，这 6 省的羊只存栏量占南方羊总存栏量的 80.4%。南方以养殖山羊为主，山羊在南方各省区均有养殖，绵羊的饲养量则较少。

南方地区是我国肉兔的主产区，也是最大的消费区。2014 年南方地区兔出栏量为 34 804.2 万只，占全国兔出栏量（51 679.1 万只）的 67.3%，南方地区兔肉产量约 55.8 万 t（根据 2014 年全国兔肉产量估算得出）。养兔较多的是四川、重庆、江苏、福建、广西、湖南等省（区、市），出栏量分别为 20 528.7 万只、4 714.8 万只、3 995.4 万只、1 956.0 万只、850.5 万只和 701.4 万只，这 6 个省份的兔出栏量占南方地区兔出栏量的 94%，其中四川和重庆的兔出栏量占南方地区兔出栏量的 73%，占全国兔出栏量的比例达 48.9%。可见，南方地区兔养殖数量非常大，兔产业存在"大集中，小分散"的特点，川渝地区是我国兔养殖规模最大的地方。

南方鹅产业是我国水禽产业的重要支柱，南方素有烹饪水禽肉类的习俗，具有广阔的水禽食品消费市场。国家水禽产业技术体系对我国 21 个水禽主产省（区、市）2012 年水禽产业数据进行了调查统计表明，2012 年全国主产区鹅存栏 0.91 亿只，全年鹅的出栏量 3.5 亿只，鹅肉 112.5 万 t。其中，上海、江苏、浙江、安徽、福建、江西、湖北、湖南、广东、广西、海南、重庆、四川等南方 13 个省区市鹅存栏量、出栏量、鹅肉产量分别占到全国总量的 57%、66% 和 70%。

表 1-1　2014 年南方各省区市主要草食畜禽年末存栏量、
年出栏量以及主要畜产品产量 　（单位：万头、万只、万 t）

地区	2014 年末存栏量						2014 年出栏量			2014 年主要畜产品产量			
	大牲畜	牛	肉牛	羊	山羊	绵羊	牛	羊	兔	奶类	肉类总产量	牛肉	羊肉
安徽	153.0	152.7	129.8	642.8	641.7	1.1	122.1	1 045.0	218.2	27.9	414.0	17.9	15.5
福建	67.8	67.8	33.2	121.4	121.4	0.0	25.6	150.4	1 956.0	15.0	213.7	2.9	2.2
广东	242.0	242.0	126.1	39.8	39.8	0.0	58.4	49.9	332.3	13.5	429.4	7.0	0.9
广西	484.7	448.6	97.9	201.6	201.6	0.0	148.2	205.6	850.5	9.7	420.0	14.4	3.2
贵州	573.6	495.9	290.6	337.4	318.7	18.7	115.2	205.4	159.1	5.7	201.8	14.7	3.8
海南	79.1	79.1	44.8	68.0	67.8	0.1	27.3	79.1	18.9	0.2	79.5	2.6	1.1
湖北	353.2	352.3	230.7	469.9	469.7	0.2	140.3	515.0	262.7	16.1	440.4	21.9	8.6
湖南	462.2	456.8	339.8	529.0	529.0	0.0	155.8	657.6	701.4	9.3	546.5	18.9	11.1
江苏	34.5	30.6	8.1	413.8	404.1	9.7	17.3	703.9	3 995.4	60.7	379.5	3.3	8.0
江西	305.1	305.1	246.3	57.3	57.3	0.0	133.3	72.1	371.4	12.9	339.8	13.1	1.1
上海	5.9	5.9	0.0	28.1	26.7	1.4	0.1	41.8	9.6	27.1	23.4	0.1	0.5
四川	1 082.1	983.9	529.4	1 750.8	1 529.8	221.0	264.7	1 583.6	20 528.7	70.8	714.7	33.4	25.3
云南	922.3	750.8	681.3	1 008.0	932.8	75.3	275.7	792.4	165.2	58.2	378.5	33.6	14.6
浙江	15.8	15.8	10.0	111.4	40.5	70.9	8.3	104.8	520.0	15.9	157.1	1.2	1.7
重庆	143.6	140.7	100.2	209.6	209.6	0.2	59.0	227.4	4 714.8	5.7	214.2	8.4	3.4
南方地区	4 924.8	4 527.8	2 868.2	5 988.9	5 590.4	398.5	1 551.3	6 434.0	34 804.2	348.6	4 952.7	193.1	101.0
占全国比重（%）	41.0	42.8	40.7	19.8	38.6	2.5	31.5	22.4	67.3	9.4	56.9	28.0	23.6
全国	12 022.9	10 578.0	7 040.9	30 314.9	14 465.9	15 849.0	4 929.2	28 741.6	51 679.1	3 724.6	8 706.7	689.2	428.2

此数据来源于《中国畜牧兽医统计年鉴 2015》，下同

☞ 二、养殖品种及生产性能 ☜

我国南方地区由于温、光、水条件适宜，植物资源丰富，生态气候条件多样，人文习惯千差万别，经过长期的自然选择和人工选择，形成了相当丰富的地方畜禽品种资源。

南方地区牛的群体数量大，牛的存栏量占到全国的40%以上，特别是水牛，占到全国总量的97%左右。由于饲养管理条件较为粗放，南方的地方品种牛具有良好的耐粗饲和抗逆性能，对于高温、高湿有较强的抗御能力。南方地区牛品种有皖南牛、巫陵牛、枣北牛、大别山牛、盘江牛、雷琼牛、吉安黄牛、锦江黄牛、温岭高峰牛、舟山牛、闽南牛、云南黄牛、邵通黄牛、中甸牦牛、川南山地牛等（夏晓平等，2009）。这些地方牛具有个体小、单位能量消耗少、早熟、肉品质优良、肉用潜力大、对秸秆类农副产品的利用能力较强等优点（张翔飞等，2013）。实际调研发现，南方肉牛养殖中存在良种覆盖率低、牛群结构不合理，母牛繁殖力低，集约化养殖程度不高、管理粗放，肉牛生产周期长，商品肉牛出栏率低、肉质差异大等问题。近年来，南方各省普遍推广良种，引进国外、省外优良品种对当地品种进行杂交改良，为肉牛生产的高效发展提供了一定基础。

我国南方地区有丰富而优良的羊品种资源，如湖羊、黄淮山羊、黔北麻羊、长江三角洲白山羊、马头山羊等。因南方地区夏季湿热、冬季阴冷，受气候和自然条件以及消费者饮食习惯影响，且国内大多数绵羊品种（除湖羊等少数品种外）难以适应南方夏季的湿热环境，南方肉羊产业逐渐形成了以山羊养殖为主、绵羊养殖为辅的养殖格局。南方肉羊种质资源丰富，但绝大部分地方品种缺乏系统选育提高，退化较为严重，存在生长速度慢、产肉性能差、饲料转化率低的问题（张子军等，2010）。

我国是驯养家兔最早的国家，也是地方品种（品群）遗传资源最丰富的国家之一，南方地区历来就有传统养兔和食用兔肉的习惯。我国地方兔种遗传资源，在亚洲乃至世界地方兔种遗传资源的宝库中均占有重要地位，是最具有开发利用价值和潜力的兔种资源。在长期的自然和人工选择条件下，形成了适合各地长期饲养的本地品种，如中国白兔、四川白兔、福建黄兔、云南花兔、江苏省的中系安哥拉全耳毛兔，不同品种都有自己独特的经济性状，具有母性好、性成熟早、产仔率高、抗病力强的优点，但存在生长缓慢、体型小、饲料报酬低、经济效益差等缺点。目前生产中大多利用地方种与其他品种进行经济杂交，生产的商品兔大大缩短了饲养周期，提高了饲料报酬，而地方品种的优点也可充分发挥和利用，从而增强市场竞争力，提高了经济价值（谢晓红等，2010）。

我国养鹅历史悠久，鹅品种资源丰富，品质优良。狮头鹅、雁鹅、四川白鹅、皖西白鹅、浙东白鹅、豁鹅和太湖鹅等都是十分优良的中国鹅品种，其生产性能已进入世界同类良种的先进行列。

☞ 三、养殖规模及饲养方式 ☜

统计数据显示（表1-2），2014年，南方地区肉牛年出栏100头以上的养殖场（户）数有6 609个，占全国的比重为24.4%；年出栏在500~999头的有606个，占全国的比重为17.6%；年出栏1 000头以上的有215个，占全国的比重为19.7%；其余以年出栏100头以下的小规模分散养殖为主要养殖方式。通过数据可以发现，南方地区牛羊规模化养殖场户数占全国的比重较小，以传统的散养及中小规模养殖为主，从产业特点和经济效益分析，中小规模的养殖投入较少，饲养和管理成本低，疾病和市场风险比较好控制。通过对南方地区牛、羊等草食畜禽规模化养殖场进行现场调研发现，整体养殖水平不高，当前先进的科学养殖技术并未得到充分的利用，仍靠传统的养殖经验。由于地理环境等条件影响，大规模小群体的分散饲养是其主要的特点。

表1-2　2014年南方地区牛羊规模化养殖场（户）数　　（单位：个）

地区	肉牛（头/年出栏）						羊（只/年出栏）				
	1~9	10~49	50~99	100~499	500~999	>1 000	1~29	30~99	100~499	500~999	>1 000
安徽	301 521	5 857	1 802	648	98	29	653 366	51 622	7 804	963	206
福建	72 829	946	69	57	6	7	50 962	5 230	885	37	25
广东	236 454	2 504	301	93	5	1	15 772	2 844	642	27	10
广西	700 932	4 715	531	114	7	2	162 055	13 415	1 809	27	4
贵州	605 102	4 961	747	162	15	2	521 597	18 237	2 272	151	61
海南	108 165	1 532	212	16	2	0	52 607	3 049	407	6	6
湖北	409 987	8 786	3 080	2 460	206	95	551 517	20 286	11 654	732	222
湖南	567 065	22 584	4 072	857	42	8	522 042	34 568	8 046	379	16
江苏	77 766	2 320	597	180	31	15	1 103 342	32 918	6 452	925	458
江西	530 637	6 862	1 221	373	35	8	80 006	4 537	1 090	74	15
上海	0	0	0	0	0	0	46 702	777	230	18	9

（续表）

地区	肉牛（头/年出栏）						羊（只/年出栏）				
	1~9	10~49	50~99	100~499	500~999	>1 000	1~29	30~99	100~499	500~999	>1 000
四川	635 253	16 642	2 337	818	77	22	2 102 256	82 781	8 539	661	91
云南	1 375 535	14 386	1 824	554	54	15	653 219	36 596	3 620	174	30
浙江	23 420	659	102	23	2	1	135 395	6 783	1 557	1 67	100
重庆	193 426	6 519	746	254	26	10	379 723	27 399	3 190	187	30
南方地区	5 838 092	99 273	17 641	6 609	606	215	7 030 561	341 042	58 197	4 528	1 283
全国	11 057 417	426 627	88 672	27 110	3 445	1 094	15 186 912	1 695 457	342 889	34 900	9 648

　　南方地区年出栏 100 只羊以上的养殖场（户）数有 58 197 个，占全国的比重为 17.0%；年出栏 500 只羊以上的养殖场（户）数有 4 528 个，占全国的比重为 13.0%；其中年出栏 1 000 只以上的有 1 283 个，占全国的比重为 13.3%。近年来，随着政府对节粮型畜牧业的重视，大量资金流入草食畜禽的养殖市场中，由于饲料成本和劳动力成本的增加，饲养成本的上升导致利润空间变小，散户养殖退出加快，规模化养殖场不断增多，随着科技的投入和国家的重视，畜禽养殖水平在不断提高，呈现加速发展的势头。调研发现，在肉羊养殖方面，苏、沪、皖地区规模养殖企业逐渐增多，养殖企业和养殖户采用的多是舍饲规模化养殖模式，如上海市，已经从传统的农村个体分散养殖为主转变为规模化养殖与农民分散养殖并存，并涌现了一批养羊企业和农民养羊专业合作社。

　　通过调研发现，我国传统的庭院式养兔模式仍然占较大比重，但在新兴兔产业聚集区和部分传统兔产业地区，工厂化养兔模式正逐步取代传统的庭院式养兔模式，尤其是肉兔的养殖，逐步走向规模化、工厂化。在东部比较发达的地区，由于受到饲养人员成本的增加以及政府对养殖企业产业化程度的重视，逐步建立新型的现代化、半自动化、规模化养殖场和养殖小区。近年来兔的养殖数量和规模也不断扩大，发展迅速，规模化养殖迅速扩展，"公司+合作社+农户"模式逐渐兴起，形成了多个优势产区（郭志强等，2015）。

　　养鹅在我国农村具有悠久的历史，是一项传统的副业。随着畜牧业的发展，肉鹅养殖已成为农民致富的主业之一。据调查，传统养鹅、千家万户的零星散养仍占农村养鹅的主导地位，散户多，规模化程度低。肉鹅养殖的主体是个体养殖户，除种鹅场外，规模化养殖场数量极少，缺乏科学的饲养技术，出栏体重参差不齐，严重制约了肉鹅养殖业的发展和产业化进程（朱士仁，2013）。

第二节 南方地区经济作物副产物产量及分布特点

饲草料是制约草食畜禽发展的重要因素。在饲草料方面，南方地区主要的饲料原料如玉米、豆粕、小麦麸的价格均高于全国的平均水平，优质饲草资源不足，尤其对于规模化养殖场存在缺乏饲草的状态，农作物秸秆和经济作物副产物等粗饲料的开发和利用没有得到足够的重视，一些大型养殖场虽然利用了一小部分，但是由于没有科学合理的饲喂方式，往往饲喂效果不佳，从而导致生产成本高，生产效率低。饲料价格也随着原料成本和人工成本的上涨屡创新高。随着工业化和城镇化进程的加快，耕地面积持续减少，未来粮食价格必然继续走高，饲料成本持续增加的趋势不可逆转，新饲料资源的开发和饲料配制技术的优化提高步伐也需加快。

经济作物又称技术作物、工业原料作物，指具有某种特定经济用途的农作物。经济作物通常具有地域性强、经济价值高、技术要求高、商品率高等特点。近年来，我国北方牧区由于过度放牧造成的草地退化和水资源不足的原因，使牛羊肉生产发展受到严重限制，而我国南方包括江苏、安徽、湖南、湖北、四川、重庆、云南、贵州、广东、广西、福建、江西、浙江、海南14个省区市，气候温和，水热条件好，一直是我国重要的经济作物种植基地，盛产油菜、甘蔗、香蕉、木薯麻类、桑类等经济作物，每年产生大量的副产物，可作为饲料进行开发。同时，南方人口多、牛羊肉消费量大、经济发达、国家级经济圈多，草食畜禽品种资源丰富。

南方是我国经济作物重要的种植区域。通过调查和资料查询，我国南方14个省区市一些量大、有特色、具有肉牛饲料化利用前景的经济作物主要有木薯、香蕉、甘蔗、蚕桑、油菜、柑橘、苎麻等，主要用于生产油料、糖、淀粉、能源以及纤维和食品等，其工业化过程中加工副产物数量巨大，年产各种副产物约1.59亿t（表1-3），这其中还不包括其他未进行统计的副产物在内。有些副产物营养价值相当高，如桑叶中粗蛋白占20%~30%，是很好的蛋白补充料；甘蔗梢、香蕉茎叶适口性好，牛羊喜食，是很好的粗饲料来源。

表1-3 南方地区主要经济作物副产物分布及产量 （单位：万t）

省区	甘蔗渣	甘蔗梢叶	油菜秸秆	香蕉茎叶	薯类	柑橘皮渣	麻茎叶	蚕桑	合计
安徽	6.5	9.3	315.5	0	46.5	1.2	28.1	2.4	409.5
福建	16.8	24	2.9	166.6	119.7	106.2	0.4		436.6
广东	417	595.7	1.6	737.4	164.2	145.1	0.6	7.8	2 069.4
广西	2 181	3 115.7	2.7	394.2	67.8	134.4	14	25.6	5935.4
贵州	13.1	18.7	140.8	1.1	239.3	8	2		423
海南	116.3	166.2	0	362.5	30.3	1.9	0.5		677.7
湖北	9.7	13.9	473	0	99.8	134.9	43.5	1.7	776.5
湖南	21.7	31	306.7	0	118.9	169.5	53.2		700.6
江苏	2.9	4.1	243.4	0	38.6	2	2.3	6.7	300
江西	18.9	26.9	121.9	0	59.9	117.8	18.6		364
上海	0.3	0.5	6.2	0	0.8	8.5	0		16.3
四川	26.3	37.6	399.8	7	441.7	119.3	101.4	7.5	1 140.6
云南	569.6	813.8	82.8	323.3	178.9	18.1	8.6	4.3	1 999.4
浙江	21.3	30.5	74	0	45.4	67.5	0.3	4.7	243.9
重庆	3.5	5.1	61.9	0.4	284.2	60	28.8	1.7	445.6
合计	3 425	4 892.8	2 233.2	1 992.4	1 935.9	1 094.3	302.3		15 875.9
全国	3 433	4 904.3	2 731.4	1 992.4	3 273	1 108.7	354	68.7	17 865.5

油菜是我国南方主要种植的油料作物，为十字花科芸薹属植物。2009 年南方地区油菜种植面积 5 980千 hm^2，占全国总产量的82%，油菜的副产物主要是菜籽饼（粕）和油菜秸秆。目前，菜籽饼（粕）已经作为蛋白质饲料在饲料工业中充分使用。南方油菜秸秆的产量，据估算为 2 233.2万 t，占全国总产量的82%。

甘蔗是生产糖类的经济作物，广泛种植于热带及亚热带地区。甘蔗种植面积最大的国家是巴西，其次是印度，中国位居第三。中国蔗区主要分布在广西（产量占全国 60%）、广东、台湾、福建、四川、云南、江西、贵州、湖南、浙江、湖北等南方省区。甘蔗的副产物为甘蔗梢和甘蔗渣，其副产物产量均占全国的100%。

我国是世界上栽培香蕉的古老国家之一，国外主栽的香蕉品种大多来自中国。香蕉是我国热带和亚热带大宗的水果。我国香蕉种植主要分布在广东、广西、福建、台湾、云南和海南等省区。近年来，我国的香蕉产业发展很迅速，每年大约产生 2 972.97 万 t 的香蕉茎叶。

薯类为根茎类作物，主要包括木薯、甘薯、马铃薯、山药、芋类等。其主要经济用途为生产淀粉和酒精，副产物为淀粉渣或酒精渣。根据《中国统计年鉴（2012）》统计，2011 年我国南方地区薯类种植面积 5 396.0 千 hm^2，占全国播种面积的 60.59%，产量为 1 935.9 万 t，占全国总产量的 59.15%。

麻是我国重要的纤维作物之一，也是纺织工业的重要原料。我国是世界上最大的苎麻生产国，种植面积和总产量均占世界的 90% 以上。2011 年我国南方麻类播种面积占全国 85.42%，产量占全国 70.27%，副产物麻叶占全国 85.40%。

桑树属桑科（Moraceae）桑属（Morus）的落叶乔木，是多年生深根性植物。桑树分布遍及全国，面积约 100 万 hm^2，但大面积栽培的地区主要集中在浙江、江苏、四川、山东、重庆、广东等省区市。近几年，山东、安徽、广西、江西发展也很迅速，此外，湖北、湖南、福建、云南等南方省区和陕西、山西、河北、河南、辽宁、吉林、甘肃、新疆维吾尔自治区（以下简称新疆）等北方省区桑树栽培也有较大发展。

除上述种植面积较为广泛、产量较多的经济作物副产物外，南方地区还有较多具有当地特色的副产物，如笋副产物、茶副产物以及辣木等没有统计的饲料资源，有待进一步开发及利用。

第三节　南方地区经济作物副产物的加工利用现状

南方地区农作物和经济作物副产品因其产地、播种方式、采收方式不同等诸多因素的影响，质量不够稳定。与常规饲料相比，经济作物副产品质地粗硬、适口性较差、粗纤维多，木质素含量高，动物对其消化利用差，有的副产物还含有单宁、氢氰酸、硫葡萄糖苷等抗营养因子甚至毒素，影响动物健康。通过调研及养殖户反映，南方经济作物副产物体积膨松、容积大，有的水分含量高，加上南方地区湿度大，雨水多，人工不宜干燥，极易腐烂，无法进行运输和长期贮存。许多经济作物产业化程度不高，种植分散，连片面积小，收集成本较高，大规模利用时原料难以得到保障。无论是大型养殖场还是小的养殖户，均不具备饲料营养成分的检测条件，缺乏饲料原料的基础数据，在利用当地的副产物配制畜禽日粮时受到限制，往往是凭经验进行添加和饲喂。这些问题导致副产物的综合利用率降低，很多副产物成为废弃物。因此需要加强解决南方地区农林副产物的营养价值评定、收集、运输、贮藏、加工及饲料配制等实际问题。

☞　一、技术支撑不足，产业化程度不高　☜

与常规饲料相比，经济副产物粗纤维含量高、木质化程度高、营养品质较差，同时含有一些影响动物对营养物质消化、吸收和利用的抗营养因子，甚至含有一些有毒物质。如油菜秸秆质地较硬，不便采食，适口性差，粗纤维含量和木质化程度高，采用传统酸碱处理方法，不仅污染大，处理效果也不理想，而微生物处理油菜秸秆的方法进展缓慢，短期内难以突破；木薯全株各部位，包括根、茎、叶都含有毒的亚麻仁苦苷，经胃酸水解后产生游离的氢氰酸，从而使动物中毒。此外，木薯淀粉渣水分含量高，易腐烂，不易保存和运输，在肉牛养殖业中应用受到成本和效果双重影响；新鲜香蕉茎叶的含水量高达80%以上，单独饲喂时容易造成干物质和能量摄入不足，并给运输、贮藏带来困难。香蕉茎秆的粗纤维含量高，单宁含量较高（0.8~6.6mg/kg，高者达7.71mg/kg），单宁的存在不仅使香蕉茎叶的适口性下降、消化率降低，还会影响其他饲料蛋白质的吸收利用，目前也没有去除或降低香蕉单宁含量的有效、经济的技术手段，限制了香蕉茎叶资源的利用；甘蔗叶体积大，水分、粗纤维含量高、不易贮存，使甘蔗叶梢的养畜利用率还很低，甘蔗渣一般含有10%~30%的水分和大约20%的木质素，未经过加工处理的甘蔗渣体积密度小，占用空间大；甘蔗渣的水分含量较高，并且其中还含有糖等适宜细菌繁殖生长的营养物质，因此极易腐败，甘蔗渣粒度较大，适口性很差，如不进行粉碎，其中的木质素易损伤和刺激反刍类动物的消化系统；反刍类动物直接消化甘蔗渣所消耗的能量大于其从甘蔗渣中所获取的能量。

另外，经济作物种植不集中连片，面积小，规模化程度低，作为饲料原料供应，存在收集贮运成本较高，大规模生产经济副产物饲料所需原料难以保障，经济副产物饲料生产加工大多停留在小规模、低层次上，造成生产加工经济副产物饲料的规模企业不多，产业化经营难以推进。因此，解决经济副产物饲料规模化生产的出路在于走产业化道路。各级政府部门要加大对经济副产物饲料工业化生产企业的扶持力度，积极培育农民经济合作组织、饲料企业参与经济副产物饲料收储及加工，鼓励大型养殖企业与农户之间的订单生产模式，促进经济副产物饲料规模化开发。

再者，在经济副产物纤维素降解、全营养混合日粮研制、青贮、包装、运输、成型等一些关键性技术方面尚未取得突破，成熟技术集成示范推广力度不够，经济副产物生产加工环节及饲喂家畜方面缺少统一的规范标准，在一定程度上制约了经济副产物饲料化利用工作。因此，要立足工作实际，组织开展全国协助，整合科研力量，依托大专院校、科研院所和重点企业，对经济副产物饲料资源及饲料化利用的关键性技术联合研究攻关，积极推进技术创新，加快科技成果转化，组装集成成熟技术，改善和提升经济副产物品质，加大技术培训和示范推广力度，制定不同方式、途径开发经济副产物饲料的技术规程，规范经济副产物饲料化利用，提高经济副产物饲料化利用科技水平。

☞ 二、认识不足，重视不够，缺乏政策支持 ☜

通过问卷调查发现，60%以上的地区和部门认为包括秸秆在内的经济副产物由于存在收集困难、运输成本高、品质差等问题，并且存在畏难情绪，没有充分认识到经济副产物饲料化利用的重要性和必要性。对经济副产物饲料化利用工作没有给予足够的重视，没有把经济副产物作为资源看待，致使大量经济副产物被浪费或焚烧。事实上，经济副产物是发展草食畜禽养殖业的物质基础之一。利用经济副产物饲喂草食畜禽，可有效降低饲养成本，节约粮食，对推动草食畜牧业的发展，带动屠宰、加工、运销等相关产业，促进农民增收，实现农牧业健康可持续发展，促进农业生态系统内的物质循环利用具有重要作用。

总之，上述问题的存在，严重制约着我国南方经济副产物饲料化利用，需要我们开动脑筋，认真思考分析和探寻解决的办法。要提高认识，精心组织，加大宣传和培训力度，制定切实措施，形成合力，使南方经济副产物饲料化利用成为大产业，变废为宝。首先，要尽快完善经济副产物研发与技术推广体系，加大投入，整合资源，促进创新，研发新型实用技术，改变目前存在的技术支持不足、产业化程度不高等现状。其次，各级政府要做好经济副产物饲料化利用规划，整合资金，建立多元投入机制，要根据实际情况，因地制宜，推行多种经济副产物利用的好模式，养殖业充分利用丰富的经济副产物，走循环农业道路，提高综合经济效益，达到带动产业发展、增加农民收入的目的。

☞ 三、加强南方地区经济作物副产物的利用 ☜

我国南方地区，幅员辽阔，气候多样，饲料种类繁多，农林副产品来源广泛，各地区的土壤、气候、耕种制度等条件多有差异，饲料的营养价值差异很大，不同种植管理模式、收获时间、气候、加工方式、贮存方式等均会影响饲料的营养价值。为了提高饲料的利用效率，充分发挥草食畜禽理想的生产性能，必须先对饲料的营养价值进行科学的评定。饲料营养价值评定是合理配制动物日粮、充分发挥畜禽生产性能的必要前提。通过采用最新的科技手段和方法，更加系统、全面地评定不同品种、产地、栽培条件、收获期和加工方式的饲料原料对牛羊兔鹅等草食畜禽的营养价值，建立南方地区饲料营养价值数据库，为本地区草食畜禽产业的发展奠定基础。常用的营养价值评定方法包括化学成分分析法、体内法、半体内法和体外法。通过营养价值评定，可获得饲料原料的常规营养成分、微量元素、氨基酸及有效能、饲料养分消化率、饲用技术等基础数据，为南方地区饲料资源的开发和利用提供依据。

饲料的营养价值不仅决定于饲料本身，而且也受饲喂前加工调制的影响。特别是粗饲料，经过加工调制，能改善原来的理化性质，增强适口性，消除饲料中有毒有害及抗营养因子等物质，提高消化率，也是降低饲养成本、提高畜禽养殖经济效益的办法之一。南方地区全年日照时数长，积温高、热季时间长、农作物生长茂盛，但南方在气候上有明显的干湿季节，全年降水分配不均衡，造成粗饲料资源存在季节性丰缺不均，湿季饲草供应充裕，干季则供应欠缺。同时，由于湿热季节湿度大，草料干燥难度增加，并且无法长时间贮存。

南方农作物和经济作物的副产品资源丰富，如稻草、甘蔗尾叶、玉米秸秆、木薯、花生秧、油菜秸秆等，这些资源作为草食畜禽的粗饲料来源，普遍存在的问题是粗蛋白质含量低、粗纤维含量高、适口性差等问题，需要通过饲料加工和调制技术来提高这些物质的饲料利用效果。生产中常用物理法（铡短、粉碎等）、化学法（氨化、碱化）、生物法（青贮、发酵等）进行饲料加工调制，根据草食畜禽的生理特点，将粗饲料经适当的加工处理，改变原来的形状、体积、理化性质，从而便于家畜采食，提高适口性，减少饲料浪费，提高其营养价值和利用率。此外对某些不能直接饲用的副产品，通过加工调制后可变成饲料，有利于开辟南方地区饲料来源。

通过对南方经济作物副产物进行营养价值评定、饲料加工及日粮配制技术研究，结合草食畜禽不同阶段生理特征及营养需要，为南方经济作物副产物作为饲料资源开发利用提供必要的饲料营养价值参数、饲料安全参数及配套的饲料加工配制技术方案，构建一整套适合我国南方地区经济作物副产物开发利用配套技术模式，有效解决南方地区经济作物副产物的利用难题，拓宽南方地区饲料供应渠道，同时增加经济作物副产物的利用价值，创造显著的经济效益，节约饲料资源，缓解我国南方地区草食动物饲料短缺，降低畜牧业对粮食的依赖性，还可减少焚烧或随意堆放造成的环境污染，促进肉牛、肉羊、鹅、肉兔养殖的经济高效健康发展。

参考文献

[1] 郭志强,李丛艳,任永军,等.2015 年四川兔业发展趋势与政策建议 [J].中国养兔,
2015,02:10-11.

[2] 李蕊超,林慧龙.我国南方地区的粮食短缺问题浅析:基于两个草业生态经济区的研究
[J].草业学报,2015,24(1):4-11.

[3] 夏晓平,李秉龙,隋艳颖.中国肉羊生产的区域优势分析及政策建议 [J].农业现代化研
究,2009,30(6):719-723.

[4] 谢晓红,郭志强,泰应和.我国肉兔产业现状及发展趋势 [J].中国畜牧杂志,2010,47
(4):34-38.

[5] 张翔飞,王之盛,孟庆翔,等.我国肉牛养殖在发展节粮型畜牧业中的贡献和发展潜力
[J].中国畜牧杂志,2013,49(18):12-16.

[6] 张子军,李秉龙.中国南方肉羊产业及饲草资源现状分析 [J].中国草食动物科学,2010,
32(2):7-11.

[7] 中国畜牧兽医年鉴编辑委员会.中国畜牧兽医年鉴 2015 [M].北京:中国农业出版社,
2015:170-228.

[8] 朱士仁.我国养鹅业发展现状、存在问题分析及对策 [J].郑州牧业工程高等专科学校学
报,2013,33(3):17-19.

[9] 瞿明仁.南方经济作物生产、饲料化利用之现状与问题 [J].饲料工业,2013,34(23):
1-7.

第二章

纤维作物副产物

第一节　麻类作物副产物的饲料化利用

☞ **一、概况** ☜

1. 苎麻的种植和分布

苎麻（*Boehmeria nivea* L. Gaudich.）是荨麻科（*Urticaceae*）苎麻属（*Boehmeria*）多年生宿根性草本纤维植物，同时又是一种湿草类速生性多叶植物。中国是世界上种植苎麻最早的国家，其栽培历史4 000年以上。世界各地的苎麻均是由中国直接或间接引入栽培，故苎麻被外国人称为"中国草"。苎麻适宜种植在温带及亚热带地区，土壤以土层深厚、疏松、有机质含量高、保水、保肥、排水性好，pH值5.5~6.5为宜。苎麻根茎发达，根群入土可达100~200cm，抗旱性极强，具有较高的生物产量和纤维产量，水土保持作用强。2007年，国家水利部将苎麻指定为南方水土保持植物。

中国苎麻产区辽阔，南到海南岛，北到山东，东到东南沿海一带，西到山西、陕西、甘肃等地都有种植，但是以湖北、湖南、四川、江西等4省的种植面积最大，其次是安徽、重庆、贵州、广西、云南、河南等省（自治区、直辖市），浙江、江苏、福建和广东的部分地方也有少量种植。

2. 苎麻的产量

苎麻的适应性强、种植面积广，生物产量大，尤其是新培育的饲用品种生物产量更大，现在我国一些科研院所已经培育出了一批优良的饲用苎麻品种，如由中国农业科学院南方经济作物研究所选育的"中饲苎1号"在70cm刈割高度条件下每年可以刈割 10 次，干物质年产量最高可以达到 $31.5 \times 10^3 kg/hm^2$；湖南农业大学苎麻研究所选育的"湘苎3号"70~100cm高度条件下每年刈割 7 次，干物质年产量最高可以达到 $23.8 \times 10^3 kg/hm^2$；湖北省农业科学院畜牧兽医研究所和咸宁市农业科学院联合培育的"鄂牧苎0904"80~100cm 高度条件下每年刈割 7~8 次，干物质年产量最高可以达到 27.0× 10^3kg/hm²。

☞ 二、营养价值 ☜

1. 苎麻的常规营养成分

苎麻的营养价值十分丰富，和有"牧草之王"之称的苜蓿类似，粗蛋白含量 20%左右，粗纤维含量低于 18%，中性洗涤纤维和酸性洗涤纤维含量适中，此外还含有丰富的类胡萝卜素、维生素 B_2 和钙。

苎麻蛋白质的氨基酸组成较为合理，作为畜禽饲料中主要的限制性氨基酸赖氨酸和苏氨酸的含量较高，多数苎麻品种的赖氨酸含量超过 1%，苏氨酸的平均含量达到了 0.82%，是苎麻蛋白质最突出的特点。但是苎麻中含硫氨基酸含量较低，蛋氨酸和半胱氨酸总和平均含量只有 0.12%，在使用的过程中应注意其氨基酸的平衡性。

苎麻的钙含量较高，达到了 3.70%，而总磷的含量却仅为 0.16%，钙和总磷的比值达到了 23.57。因此，苎麻中钙和总磷的含量极不平衡，将苎麻作为动物饲料原料使用时应注意钙磷不平衡的问题。

不同茬次苎麻的常规营养成分含量见表 2-1（以"鄂牧苎0904"品种为例）。

表 2-1　不同茬次苎麻常规营养成分含量　　（单位：%）

茬次	粗蛋白	粗脂肪	中性洗涤纤维	酸性洗涤纤维	粗灰分	钙	总磷	钙磷比
1	20.58	3.59	48.71	43.49	17.43	3.75	0.15	25.00
2	20.14	3.58	49.30	42.76	17.92	3.73	0.15	24.87
3	19.51	3.16	49.70	43.14	17.78	3.77	0.16	23.56
4	19.43	3.46	49.81	43.26	15.17	3.69	0.16	23.06
5	19.40	3.34	49.66	43.84	15.82	3.76	0.16	23.50
6	18.73	3.14	47.96	42.47	15.00	3.65	0.16	22.81
7	19.23	3.06	48.44	41.15	17.20	3.58	0.16	22.38
平均值	19.57	3.33	49.08	42.87	16.62	3.70	0.16	23.57

2. 苎麻的抗营养因子含量

苎麻最主要的抗营养因子为单宁，其含量最高可以达到 1%以上。有研究报道，在大鼠日粮中苎麻的添加量达到 25% 后大鼠出现生长停滞的现象，添加量超过 40% 后大鼠即出现死亡的现象，草鱼饲喂鲜苎麻叶过多会出现排便困难的现象，分析其主要原因可能是因为苎麻中含有较高含量的单宁。另外，有资料表明，苎麻对镉、砷等重金属有较强的富集作用，在使用矿区的苎麻饲喂动物时应特别注意其重金属含量。表 2-2 为不同茬次苎麻的单宁含量（以"鄂牧苎 0904"品种为例）。

表 2-2　不同茬次苎麻单宁含量

茬次	1	2	3	4	5	6	7	平均值
单宁（%）	1.03	0.82	0.62	0.68	0.58	0.42	0.55	0.67

3. 苎麻主要营养物质的瘤胃降解率和降解参数

苎麻的干物质、有机物、粗蛋白、中性洗涤纤维和酸性洗涤纤维在山羊瘤胃内 72h 的降解率分别达到了 67.40%、66.92%、62.16%、67.78% 和 57.59%。和苜蓿等牧草主要营养物质的瘤胃降解规律相似，苎麻的瘤胃降解率均随着瘤胃消化时间的延长而不断提高，除了粗蛋白，其他的营养物质均在 0~36h 降解率提高很快，36~72h 趋于平稳。而粗蛋白的降解率在 0~12h 变化不大，直到 24~36h 才提高很快，36h 以后趋于平稳。其原因可能是因为苎麻中单宁含量较高，单宁对苎麻蛋白质有一定的保护作用，待单宁降解失去对蛋白的保护作用后降解率才得以较快速度的提高。表 2-3 为苎麻的主要营养物质在山羊瘤胃内的降解率（以"鄂牧苎 0904"品种第一茬为例）。

表 2-3　苎麻主要营养物质在山羊瘤胃内的降解率　（单位:%）

项目	时间					
	0h	12h	24h	36h	48h	72h
干物质	16.58	36.87	44.77	56.62	61.57	67.40
粗蛋白	13.58	14.80	28.97	50.41	56.58	62.16
有机物	15.70	32.55	43.02	59.94	65.19	66.92
中性洗涤纤维	29.60	45.85	49.08	60.48	66.80	67.78
酸性洗涤纤维	17.22	27.65	33.75	51.80	56.39	57.59

苎麻干物质、粗蛋白、有机物、中性洗涤纤维和酸性洗涤纤维的有效降解率分别达到了 47.00%、35.53%、44.29%、57.68% 和 38.59%，潜在降解率均比较高，分别达到了 78.87%、66.36%、72.96%、79.02% 和 67.26%。

表2-4为苎麻的主要营养物质在山羊瘤胃内的降解参数（以"鄂牧苎0904"品种第一茬为例）。

表2-4　苎麻主要营养物质在山羊瘤胃中的降解参数　　　（单位：%）

项目	快速降解部分	慢速降解部分	慢速降解部分的降解速率	潜在降解部分	有效降解率
干物质	16.16	62.71	0.030	78.87	47.00
粗蛋白	12.66	53.70	0.023	66.36	35.53
有机物	15.62	57.34	0.031	72.96	44.29
中性洗涤纤维	29.63	49.39	0.025	79.02	57.68
酸性洗涤纤维	11.77	55.49	0.029	67.26	38.59

☞ 三、加工利用技术 ☜

1. 苎麻制粒技术

早在20世纪50年代，美国等国家就将苎麻鲜叶晒干制成颗粒饲料进行生产和开发。国内也有一些研究机构将苎麻鲜叶烘干后利用制粒机制成颗粒青饲料。但是苎麻纤维十分坚韧，强力大而延伸度小，80~100cm的全株苎麻难以加工成颗粒饲料，湖北省农业科学院畜牧兽医研究所利用SLHP325型颗粒饲料压制机及KL-150型制粒机等机型进行了多次试验，发现只有把全株苎麻添加量控制在40%以下，才能生产出品质较好、生产效率较高的颗粒饲料。

2. 苎麻青贮技术

苎麻虽然蛋白质含量较高，营养价值丰富，但是其可溶性碳水化合物含量较低，缓冲能较高，且收割时水分含量达到80%以上，导致其难以单独进行青贮。因此，苎麻的青贮需要特殊的青贮技术。将玉米秸秆或扁穗雀麦或糖蜜等可溶性碳水化合物含量比较丰富的饲料原料和苎麻进行混合青贮，可以取得较好的青贮效果。下面介绍两种苎麻青贮技术的要点。

（1）苎麻与糖蜜混合青贮

① 将纤维素酶、果胶酶、植物乳酸杆菌分别按照20U/g、6U/g和1.0×10^7cfu/g添加量溶于少量水中，再溶于按照5%添加量的糖蜜中备用。复合青贮剂为现配现用。

② 将苎麻切至2~3cm长短，晾晒或烘干至水分含量为60%~65%（用手紧握一把苎麻，手松后缓慢散开，手上没有湿痕）。

③ 将复合青贮剂按比例添加于苎麻中，用圆捆机打捆后用裹包机裹包后

进行青贮。

④ 常规条件下青贮 30 天以上即可使用。

（2）苎麻与玉米秸秆或扁穗雀麦混合青贮

① 将新鲜苎麻与充分晾晒的玉米秸秆或扁穗雀麦按照 1 : 1 或 2 : 3 的比例备料（根据玉米秸秆或扁穗雀麦水分含量而定，保证混合后青贮原料水分含量为 60% ~ 65%，但是比例不能低于 1 : 1）。

② 将新鲜苎麻与玉米秸秆或扁穗雀麦交替切至 2 ~ 3cm 长短，以达到混合均匀的目的。

③ 用圆捆机打捆后用裹包机裹包后进行青贮。

④ 常规条件下青贮 42 天以上即可使用。

☞ 四、动物饲养技术与效果 ☜

1. 苎麻饲养肉牛技术

苎麻作为一种饲草饲喂肉牛，其适口性较好，牛喜食，主要营养物质在肉牛瘤胃中的降解效果也较好。利用苎麻饲喂保加利亚红牛，试验牛的胴体重、屠宰率以及牛肉、骨头和皮的比例均和饲喂紫花苜蓿相似，而且肉中的水分、蛋白质和脂肪含量均没有显著性差异。

青贮苎麻（苎麻和玉米秸秆 1 : 1 比例青贮）可以作为肉牛优质的粗饲料原料，在相同精料配方及相同饲喂量条件下，分别用白酒糟、青贮高粱和青贮苎麻作为粗饲料饲喂西门塔尔牛，青贮苎麻组饲喂效果最好。以青贮苎麻作为唯一粗饲料来源，精饲料分别使用高、中和低蛋白含量日粮饲喂利木赞肉牛，结果表明，高蛋白组平均日增重最高，达到了 1.48kg/天，和中蛋白组、低蛋白组相比分别提高了 12.98% 和 11.28%，但是无显著性差异（$P = 0.139$）。说明青贮苎麻可以替代精饲料中部分粗蛋白，从而达到节约精饲料成本的目的。表 2-5 为使用青贮苎麻饲喂肉牛的精饲料推荐配方。

表 2-5　肉牛精饲料推荐配方　　　　　　　（单位:%）

原料	配方 1	配方 2	配方 3
玉米	56.00	62.80	69.80
豆粕	20.00	15.00	10.00
麸皮	15.00	13.50	12.00
菜粕	4.00	4.00	4.00
植物油	1.00	0.70	0.20

（续表）

原料	配方1	配方2	配方3
磷酸氢钙	1.00	1.00	1.00
石粉	1.00	1.00	1.00
小苏打	0.50	0.50	0.50
食盐	0.50	0.50	0.50
预混料	1.00	1.00	1.00
粗蛋白	18.00	16.00	14.00
综合净能（MJ/kg）	7.36	7.36	7.36
消化能（MJ/kg）	13.30	13.30	13.26
钙	0.69	0.68	0.66
总磷	0.61	0.58	0.56

2. 苎麻饲养肉羊技术

羊只喜食新鲜的苎麻叶片，在麻园轮牧放养肉羊，每亩地放养8~10只山羊供其采食10天左右，放养过程中苎麻可以作为其唯一粗饲料原料，每天早晨和傍晚补饲200~300g精料补充料即可得到较好的生长性能，而且苎麻的再生能力较强，恢复较快，山羊采食后一个月左右麻园即可恢复。

干燥后的苎麻（根部以上80~100cm时收割）营养水平较高，在山羊全混合日粮中添加量达到10%~20%时饲用效果较好。但是，由于含有较高含量的果胶和单宁，适口性较差，在山羊全混合日粮中添加量达到40%时就会影响日粮的适口性，山羊采食速度和采食量均会显著下降，随着饲用时间的延长，1~2个月后山羊会逐渐适应，采食量和采食速度也会不断的提高。但是，由于苎麻中钙含量较高，而磷的含量较低，钙磷比不当，羊只采食后会出现便秘、拉尿困难的病症，因此，在使用过程中应注意磷的补充。表2-6为使用苎麻养羊的推荐配方。

表2-6　苎麻养羊推荐配方　　　　　　　（单位:%）

组别	配方1	配方2	配方3
玉米	32.59	33.57	35.10
豆粕	12.86	11.53	8.90
苎麻	5.00	10.00	20.00

（续表）

组别	配方1	配方2	配方3
花生藤	46.00	41.40	32.50
磷酸氢钙	2.15	2.10	2.10
食盐	0.40	0.40	0.40
预混料	1.00	1.00	1.00
消化能（MJ/kg）	2.70	2.70	2.70
粗蛋白	14.50	14.50	14.50
钙	1.82	1.87	1.99
总磷	0.61	0.61	0.61

3. 苎麻在兔和鹅饲料中的应用

苎麻虽然粗蛋白含量较高，达到20%以上，但是其粗纤维含量较高造成单胃动物消化能值偏低，以及粉碎耗能过大等原因造成了苎麻嫩茎叶在单胃动物中的应用较少。而兔子是非反刍的草食性单胃动物，具有较强的从纤维源饲料原料中获取营养的能力。使用苎麻干草代替肉兔日粮中的苜蓿干草，苎麻对肉兔具有较好的适口性，平均日采食量较高，饲料转化效率也无显著性差异。鹅是草食性家禽，对纤维含量高的粗饲料具有较好的消化利用率，但是随着日粮中苎麻添加量的增加，鹅的生长性能会受到一定的抑制。

4. 苎麻功能性成分绿原酸的饲用效果

苎麻根、叶用作药物在我国16世纪就有记载。苎麻根、叶煎剂用于治疗感冒发烧、麻疹高热、尿路感染、肾炎水肿、孕妇腹痛、胎动不安、先兆流产，在外科上用于跌打损伤、骨折、疮肿痈毒等均有一定疗效。具有这些疗效的主要原因是苎麻中含有0.06%~0.73%（干叶）具有广谱抗菌、抗病毒、抗氧化、抗DNA损伤和抑制黄曲霉毒素B1和亚硝化反应引发的突变等作用的绿原酸。绿原酸在稀酸中加热可以生成咖啡酸（caffeic acid）及奎宁酸（quinic acid）。咖啡酸和奎宁酸具有较强的抗菌和抗病毒的作用。绿原酸依靠对动物肠道微生物代谢的调控作用发挥其生物活性，饲喂黄羽肉鸡能够显著提高平均日增重和饲料转化效率，降低盲肠中大肠杆菌的数量，且有利于盲、回肠中乳酸杆菌和双歧杆菌的增殖。在仔猪饲料中额外添加绿原酸可以改善仔猪的日增重和日采食量，显著提高仔猪体内抗氧化酶的活性，同时对仔猪的免疫性能有促进作用。

第二节 蚕桑作物副产物的饲料化利用

☞ 一、概况 ☜

1. 桑树的种类及分布情况

桑树属桑科桑属的落叶乔木，是多年生深根性植物，对土壤酸碱适应性较强，在 pH 值 4.5~9.0 范围内均可生长。全世界有 30 多个种和变种，大体分布在北美、中美、南美、亚洲大陆东部、马来群岛、非洲西部和亚洲大陆西南

桑树

部 5 个地区。从纬度上看，桑树大约分布在南纬 10°到北纬 50°之间。据报道我国有 15 个种 3 个变种。我国保存有桑树种质资源 3 000 余份，是目前世界上桑树种类分布最多的国家，主要有鲁桑、白桑、广东桑、瑞穗桑；野生桑种有长穗桑、长果桑、黑桑、华桑、细齿桑、蒙桑、山桑、川桑、唐鬼桑、滇桑、鸡桑；变种有鬼桑（蒙桑的变种）、大叶桑（白桑的变种）、垂枝桑（白桑的变种）。按生态类型分类，我国桑树品种主要有长江中游摘桑型、东北辽桑型、黄河下游鲁桑型、新疆白桑型、黄土高原格鲁桑型、四川盆地嘉定桑型、太湖流域湖桑型和珠江流域广东桑型。

桑树是一种适宜在温暖地带种植的植物，我国地域辽阔，生态条件多样性，桑树分布遍及全国，即使西藏自治区（以下简称西藏）也有可开发利用的桑树资源。但从桑树生长发育所需要的适宜环境条件和经济效益来看，桑树

主要密集在我国传统的桑蚕主产区太湖平原、四川盆地和珠江三角洲，以江

桑园

苏、浙江、四川和广东为主，其次在重庆、安徽、江西、湖北、广西、福建、台湾、贵州等南方省区市和山东、山西、陕西、河南、河北、吉林、甘肃、新疆等北方省区也有相当数量的桑树栽培。江苏和浙江气候温和，雨量充沛，年平均温度15~18℃，无霜期250天左右，年雨量1 000~1 500mm，类型以棚桑为主，集中在吴兴、海宁、德清、桐乡一带栽培；江苏桑树原来以苏南的无锡、吴江和吴县为主，近几年栽桑重点已转移到苏北的海安、东合、如东、如皋等县，南通、盐城和徐州等市也形成了大片的蚕桑基地。四川蚕区气候温和，雨量丰富，年平均温度16~18℃，冬无严寒，霜雪少见，无霜期长达300天以上，年降水量1 000~1 200mm，四川盆地以川西平原和川南地区种植区域为主，此区域属于暖温带和亚热带气候，主要种植品种包括：黑油桑、大花桑、大红皮、峨眉花桑、沱桑、小红皮、白油桑、白皮桑、转搁楼、大红皮桑、南一号、葵桑、甜桑、小冠桑、大冠桑、川桑6031等。据2013年统计，全国桑园面积1 270.36万亩（1hm² = 15亩），四川排名第二，约180万亩。广东蚕区属亚热带气候，年平均温度20~24℃，全年无霜，年降水量1 500~2 000mm，主要栽植的桑树为广东荆桑，主要集中在顺德、南海、中山等地，现在也逐渐向丘陵新区转移。全国总产量增长较快，传统主产区中，珠江三角洲发展较快，其他发展较慢；广西发展迅速，主产区由东部转移至西部。

2. 桑树叶产量及利用情况

品种、土壤肥力、种植密度、种植目的、采摘部位和收割方法等均会影响

桑树的产叶量。印度桑树品种鲜叶产量为 40t/hm²；哥斯达黎加，产桑叶及嫩枝干物质 11.0t/hm²；坦桑尼亚，产桑叶干物质 8.5t/hm²；古巴，产鲜枝叶约 30t/hm²；我国长江流域，鲜桑叶产量约 30t/hm²，珠江流域约为 45t/hm²。黄自然等指出，我国桑树产叶量平均为 15t/hm²，最高可达 60t/hm²，桑树平均桑叶日产量 8~11.5 g/m²，年产干物质量 7~8t/hm²；将桑树和天然林木或高产饲料作物进行产叶量比较，单位面积年产鲜物或干物质量均以桑树为最高。徐万仁等研究指出，专用桑园的产叶量高于一般桑园，高于苜蓿、大叶刺槐、杨树及荒漠草原。华德公等研究了桑树草本化栽培的增产和省工效果，试验表明：草本根刈法栽培较通常的杂交桑留干剪条法提高桑叶产量 14.7%。

近年的研究报道表明，利用桑叶作为畜牧业饲料具有巨大潜力。将桑叶与其他常见饲用原料作比较（表 2-7），可明显看出，单位面积桑树的产叶量和饲用率最高，产叶量分别高于苜蓿 37.2%、大叶刺槐 58.7%、杨树叶 51.2% 及荒漠草原产草量 91.3%。饲用率除低于大叶刺槐以外，分别高于苜蓿 4.8%、杨树叶 9.6%、荒漠草原 16.2%。

表 2-7　桑叶与其他常见饲用原料主要指标的比较

种类		产量（kg/亩）		饲用率（%）
		鲜桑叶	干桑叶	
桑叶	（成熟期）	1 720	420	90
苜蓿	（开花前）	1 080	290	86.1
槐树叶	（大叶刺槐）	710	320	92.8
杨树叶	（速生杨）	840	360	81.3
天然牧草	（荒漠草原）	150	90	74.7

我国丰富的桑叶资源长期只作为获取蚕丝的家蚕饲料，功能单一，养蚕后的余叶资源基本浪费。在蚕茧市场价格影响下，桑叶往往不能得到充分利用，甚至出现丢弃与毁坏桑叶现象，使丰富的桑叶资源白白浪费。随着草地资源的减少，从桑叶的营养价值、利用情况以及在其他畜禽生产中的研究与应用等方面看，桑叶作为畜牧产业的饲料资源加以开发和利用，既可以综合利用桑叶资源，又可以解决畜禽与人争粮的问题。

☞ 二、营养价值 ✑

1. 蛋白质含量高、氨基酸比例适宜

桑叶的蛋白质含量因桑树品种、生长环境、采摘部位等的不同，干物质粗蛋白含量 15%~28%，与苜蓿、四叶草等大多数豆类牧草的营养价值相近，比禾本科牧草营养价值高 80%~100%，比热带豆科牧草高 40%~50%。桑叶中含有的氨基酸达 18 种，特别是 8 种动物必需氨基酸含量丰富，达到总量的 43% 以上，每克干物质中的含量分别达到：赖氨酸 46.3mg、色氨酸 43.2mg、苯丙氨酸 39.0mg、蛋氨酸 22.2mg、苏氨酸 51.8mg、异亮氨酸 50.1mg、亮氨酸 89.9mg 和缬氨酸 80.4mg，全部高于苜蓿、甘薯叶和大豆粕中的相应氨基酸含量。此外，在糖代谢和蛋白质代谢过程中具有重要作用的其他几种氨基酸也有很高含量：胱氨酸 11.1mg，分别是苜蓿、甘薯叶和大豆粕的 4.4、3.4 和 3.6 倍；精氨酸 53.8mg，分别是苜蓿、甘薯叶和大豆粕的 48.9、6.1 和 2.1 倍；谷氨酸 111.2mg，而苜蓿、甘薯和大豆粕含量甚微。桑叶比苜蓿、甘薯叶粉和大豆饼有更高的营养效价，作为畜禽饲料对其体内蛋白质合成具有极高的营养价值，添加到畜禽饲料中有利于调节饲料氨基酸平衡。

2. 不饱和脂肪酸含量较多

在桑叶的脂肪类物质中含饱和脂肪酸 13 种，占总含量的 49.31%，其中以棕榈酸（26.87%）、硬脂酸（6.99%）、花生酸（3.43%）、山酸（2.93%）、蜡酸（1.63%）为主；不饱和脂肪酸 5 种，含量几乎占总脂肪酸的一半（43.87%），其中以花生四烯酸（1.26%）、棕榈油酸（3.05%）、亚油酸（13.40%）、油酸（3.17%）和亚麻酸（22.99%）为主。亚麻酸的含量最高，尤以亚麻酸中的 ω-3 型不饱和脂肪酸对心血管疾病和高血脂具有较好的防治作用，特别是消退动脉粥样硬化和抗血栓具有极好的消退疗效。桑叶中的亚油酸可促进血液中胆汁酸和胆固醇排出，降低血液中胆固醇含量。

3. 维生素、矿物质含量丰富

桑叶中含有丰富的维生素和矿物质，尤其是具有维持和激活机体免疫系统、抗氧化系统和碳水化合物与脂肪周转代谢系统所必需的 B、C 族维生素。据测定报道，每 100g 桑叶（干物质基础），维生素 C 含量为 30~40mg、维生素 B_1 0.5~0.8mg、维生素 B_{12} 0.8~1.5mg、维生素 B_5 3~5mg、维生素 B_{11} 0.5~0.6mg、维生素 E 30~40mg，胡萝卜素 7.44mg，烟酸 4.05mg、视黄醇（VA）0.67mg。

据测定，桑叶含有丰富的矿物质元素和微量元素，主要有 8 种：钾 9 875 mg/kg、铁 306mg/kg、锰 270mg/kg、锌 66mg/kg、铜 10mg/kg、镁 30.35mg/kg、钙 17 220mg/kg、钠 202mg/kg，其中钾、铁、锰、锌的含量高于玉米、苜蓿、蔬菜和水果。

4. 桑叶中含有的多种活性成分及其对畜禽的保健作用

桑叶能够在 1993 年被国家卫生部批准为药用植物，是由于桑叶中含有多种天然活性功能成分，主要有甾醇、生物碱类、黄酮类和多糖类成分等。据报道，每 100g 桑叶干物质含有 1-脱氧野尻霉素（DNJ）100mg、槲皮苷 30mg、异槲皮苷 200~500mg、槲皮苷苷 100mg、芸香苷 470~2 670mg、谷甾醇 46mg、豆甾醇 3mg、γ-氨基丁酸（GABA）226mg、GABA 前体物谷氨酸 2 323mg、多糖类 18.8g。

桑叶中的 1-脱氧野尻霉素由 M. Yagi 等首先从桑树根分离得到并命名，之后日本学者 Asano 等通过改变桑叶 DNJ 的提取和纯化工艺，分离出 5 种羟基生物碱。从桑叶中分离得到的生物碱，是一种天然糖的类似物，是糖苷酶抑制剂，能有效地抑制小肠黏膜上的 a-葡萄糖苷酶，显著降低进食后血糖的急剧上升。桑叶中提取出来的黄酮类是天然的抗氧化剂，桑叶干物质中黄酮类的含量为 1%~3%，主要是芸香苷、槲皮素和异槲皮素，具有抗炎、抗病毒、解热、保肝作用和清除机体内自由基、脂质过氧化物等。桑叶多糖类可以促进胰岛素分泌，降低血糖值，抑制血脂升高。桑甾醇类能抑制肠道对胆固醇的吸收，降低血液胆固醇水平。因此，在动物日粮中添加一定水平的桑叶，可作为一种天然保健剂，对于改善动物机体的生理功能具有良好效果。

桑叶相关养分、组分含量见表 2-8 至表 2-11。

表 2-8 桑叶的概略养分及纤维组分含量　　　　　　（单位：g/kg）

指标	含量	指标	含量
灰分	108	粗蛋白	194
粗脂肪	52	粗纤维	226
中性洗涤纤维（NDF）	218	酸性洗涤纤维（ADF）	102
木质素	15		

注：桑叶干样中干物质含量 24.2%，资料来源 Leterme 等，2005

表 2-9　不同地区和品种的桑叶基础养分表（干物质基础）　（单位：g/kg）

品种名	CP	EE	NDF	ADF	TA	Ca	TP	Fe	Zn	Mg	K
广东桑											
伦41	230.1	37.5	347.6	149.3	129.0	16.7	9.0	0.59	0.05	2.8	12.6
沙2号	252.0	38.6	305.3	164.9	115.3	13.1	5.9	0.79	0.06	2.5	12.8
240号	239.5	34.5	367.1	160.0	111.7	14.5	4.0	0.31	0.02	2.4	12.7
伦540号	264.9	35.3	251.5	154.0	127.2	13.4	13.4	0.71	0.06	2.3	14.1
51号	264.5	38.0	281.6	153.1	117.1	15.7	13.6	0.55	0.04	3.0	12.8
北7号	278.6	37.0	250.2	148.9	116.4	17.5	12.2	0.90	0.04	3.2	13.3
伦40	230.5	44.5	250.8	146.5	95.8	15.6	10.6	0.26	0.06	2.5	13.0
伦104	266.4	15.5	312.6	241.8	111.3	13.4	14.0	0.41	0.05	2.5	13.6
四209	240.8	11.9	312.0	174.2	104.0	8.2	12.0	0.02	0.05	1.9	9.5
北一	263.5	16.9	229.4	153.2	116.6	17.1	9.1	0.49	0.07	3.3	15.0
伦109	252.8	8.0	235.0	157.0	171.8	12.8	9.0	0.38	0.04	2.7	10.5
试11号	276.9	13.3	252.7	172.4	125.6	15.3	8.1	0.43	0.05	3.2	11.6
5801号	245.0	42.9	248.2	167.3	153.9	15.9	13.4	0.21	0.04	2.9	12.7
伦602	221.5	22.6	273.2	183.6	109.4	12.1	13.1	0.38	0.04	3.0	13.4
白桑											
改良鼠返	323.8	34.3	289.4	166.0	104.5	8.4	13.9	0.49	0.06	2.8	14.4
春日	295.1	28.6	310.4	168.7	105.0	9.5	10.3	0.43	0.07	3.1	12.9
育二号	234.7	49.3	225.1	160.0	167.5	18.8	13.8	0.39	0.03	2.9	13.6
嘉定红皮	230.0	49.7	255.5	184.5	164.9	19.7	4.9	0.23	0.06	3.2	14.4
大红皮	224.2	39.6	255.5	196.3	150.2	14.3	11.9	0.33	0.05	2.7	14.5
黑油桑	239.8	54.7	260.2	171.7	160.6	18.3	13.6	0.43	0.05	3.5	13.8
柯库索	259.5	43.0	231.1	144.4	96.2	9.1	14.2	0.30	0.05	2.6	12.9
鲁桑											
金龙	255.7	36.4	289.4	183.5	127.3	16.9	12.4	0.34	0.05	2.2	14.4
大墨斗	234.5	48.4	296.3	176.8	162.6	12.5	13.9	0.32	0.07	2.7	13.4
四面青	227.5	43.8	261.7	172.2	159.1	14.5	12.6	0.14	0.05	2.5	13.9
桐乡青	301.9	60.1	259.4	167.0	151.9	12.5	13.9	0.20	0.04	2.4	12.6
青皮早生	251.3	55.4	271.0	188.3	156.2	15.2	14.6	0.26	0.04	2.6	13.7
红顶桑	250.7	51.0	341.9	170.8	159.0	17.8	9.9	0.35	0.05	3.1	14.6
菱湖大种	255.2	50.4	303.5	167.4	140.0	15.0	12.9	0.41	0.06	2.6	13.7
育237号	229.7	47.9	213.6	181.8	157.1	18.0	13.4	0.23	0.07	2.9	14.2

注：资料来源，中国农业大学王雯熙等，2012年

表 2-10 桑叶干物质体外降解率、24 小时产气量、
有机物降解率及代谢能估测值

品种名	CP$_{24}$/mL	IVDMD（%）	OMD（%）		ME（MJ/kg）					
			OMD$_1$	OMD$_2$	ME$_1$	ME$_2$	ME$_3$	ME$_4$	ME$_5$	ME$_6$
广东桑										
伦 41	25.3	45.30	50.33	55.61	6.75	7.35	7.28	4.97	7.45	5.68
沙 2 号	23.6	48.88	49.62	54.57	6.79	7.26	7.20	4.84	7.39	5.46
240 号	25.5	42.84	50.79	55.61	6.94	7.37	7.31	4.99	7.50	5.67
伦 540 号	21.4	43.86	48.48	53.74	6.40	6.97	6.92	4.69	7.13	5.10
51 号	22.9	46.98	49.74	54.67	6.77	7.23	7.19	4.79	7.38	5.36
北 7 号	25.1	47.18	52.77	57.32	7.21	7.59	7.60	4.95	7.77	5.68
伦 40	24.6	51.10	49.04	53.72	7.06	7.42	7.32	4.92	7.48	5.69
伦 104	25.5	46.30	52.34	56.88	6.74	7.25	7.12	4.98	7.35	5.37
四 209	25.4	45.35	50.58	55.25	6.49	7.06	6.84	4.97	7.08	5.28
北一	25.4	46.63	52.15	56.84	6.69	7.23	7.11	4.97	7.34	5.37
伦 109	24.4	50.45	51.52	57.52	5.80	6.97	6.70	4.90	6.96	5.08
试 11 号	25.7	40.62	53.42	58.12	6.69	7.32	7.18	5.00	7.42	5.37
5801 号	23.9	37.24	50.21	55.98	6.56	7.36	7.29	4.86	7.46	5.57
伦 602	25.3	48.60	49.41	51.39	6.50	7.04	6.90	4.96	7.11	5.42
白桑										
改良鼠返	26.4	52.68	56.54	60.27	7.83	7.97	8.09	5.05	8.24	5.86
春日	25.7	49.48	54.12	58.22	7.35	7.60	7.63	5.00	7.82	5.63
育二号	24.0	44.70	49.97	56.10	6.53	7.49	7.36	4.87	7.51	5.68
嘉定红皮	25.3	46.40	50.90	56.91	6.72	7.65	7.52	4.96	7.66	5.87
大红皮	24.1	42.96	49.13	55.01	6.38	7.20	7.10	4.88	7.27	5.53
黑油桑	23.2	40.75	49.33	55.35	6.62	7.57	7.39	4.81	7.53	5.66
柯库索	24.5	57.88	50.70	55.10	7.26	7.54	7.49	4.91	7.66	5.68
鲁桑										
金龙	24.7	53.74	51.15	56.20	6.85	7.38	7.34	4.92	7.53	5.58
大墨斗	24.7	38.15	50.53	56.50	6.65	7.55	7.44	4.92	7.58	5.77
四面青	22.8	49.28	48.20	54.35	6.23	7.14	7.02	4.79	7.19	5.41
桐乡青	22.3	47.32	51.97	57.26	7.19	7.98	7.85	4.75	7.96	5.66
青皮早生	24.5	46.82	51.21	56.90	6.96	7.83	7.67	4.91	7.81	5.86
红顶桑	22.5	49.90	49.22	55.17	6.52	7.42	7.29	4.76	7.44	5.50
菱湖大种	24.6	49.62	51.33	56.64	7.05	7.72	7.63	4.92	7.77	5.81
育 237 号	22.7	47.24	48.19	54.28	6.33	7.24	7.11	4.78	7.27	5.47

注：资料来源，中国农业大学王雯熙等，2012 年

表 2-11　饲料桑各营养物质及肉兔消化率　　（单位：MJ/kg,%）

项目	GE	DM	EE	CP	NFE	CF	NDF	ADF	ASH
含量	17.01	89.82	1.32	14.50	31.02	32.11	40.82	36.94	10.87
消化（能）率	8.91	65.34	89.68	63.57	71.68	18.68	35.67	24.67	

注：资料来源，四川省畜牧科学研究院，2014 年

☞　三、加工利用技术　☜

畜牧生产中桑叶的利用主要有鲜饲、干燥及青贮 3 种方式。

1. 鲜饲

家畜主要采食饲料桑的嫩枝和桑叶，最简单、最适用、成本最低的方式是直接刈割鲜食。切碎或揉丝利用可提高采食利用率。用普通的饲草切碎机把桑叶和枝条切短，枝条的利用率可提高 90% 以上。

摘回来的鲜桑叶

2. 干燥后饲喂

桑叶和嫩茎除直接刈割饲喂外，还可以将其干燥、粉碎，与其他饲料原料配合使用。干燥的方式主要有两种，包括自然干燥和人工干燥。自然干燥又可分为两种方法：一种是地面干燥法，即将收割后的桑叶和嫩枝在原地晾晒 5~7 小时，当水分含量降至 30%～40% 时，再移至避光处风干，待水分降至 15%~18%，则可以打包贮存备用。我国北方地区，含水量可在 17% 限度内贮存，南方地区不超过 14%，干燥后通过粉碎再用塑料袋密封包装贮存效果最

佳。另一种方法是叶架干燥法，即将桑叶和嫩枝先在地面上干燥半天或1天，使其含水量降至45%~50%，然后将其上架，叶架最底层高出地面，不与地面接触，这样既有利于通风，也避免与地面接触吸潮。叶架干燥可以大大提高干燥速度，保证桑叶品质，减少营养物质的损失。自然干燥的成本较低，但对维生素等营养物质损失较大。人工干燥方法有高温干燥法和低温干燥法两种。高温干燥法在800~1 100℃下经过3~5秒，使桑叶及嫩枝条的含水量降至10%~12%；低温干燥法则在40~50℃的温度下经数小时对桑叶及嫩枝条进行干燥，其成本较高，特别是高温干燥法，但营养物质的损失较少。

干燥后的桑叶

3. 青贮

青贮是用来加工青绿多汁饲料，保存其营养价值的常用技术，也是桑叶副产物利用的一个有效途径。利用密闭青贮发酵的原理调制桑叶及枝条，是将桑叶及枝条放置在青贮窖或塑料袋等密封容器中，自然发酵或添加发酵剂青贮。

青贮的技术要点：①排除空气。乳酸菌是厌氧菌，只有在没有空气的条件下才能进行繁殖。如不排除空气，不仅乳酸菌不能存活，而且嗜气的霉菌、腐败菌会乘机滋生，导致青贮失败。因此在青贮过程中，原料切得越短、压得越实、密封越严越好。②创造适宜的温度，原料温度在25~35℃，乳酸菌会大量繁殖，很快占主导地位，致使其他一切杂菌都无法活动繁殖。若原料温度在50℃以上时，丁酸菌就会生长繁殖，使青贮饲料出现臭味，以致腐败。③掌握好水分，适于乳酸菌繁殖的含水量为70%左右。过干易踩实，温度易升；过湿酸度大，适口性差。鉴定水分的简便方法是将桑叶搓碎，用手握紧，指缝有水珠而不下滴为宜。

　　青贮前的准备：制作青贮饲料需要有一定的容器，如青贮窖或青贮饲料袋等。这些都要提前选择、购置或建造。根据青贮原料的数量确定容器的容量。制作青贮窖时，应选择土质黏实、地下水位低的高地，无砂石、砖、瓦，靠近畜舍，远离河、沟、池、井和粪坑的地方。挖窖或沟，窖壁必须平滑垂直，沟型窖的壁可以上口宽于底部的宽度，壁要用砖垒砌，再用水泥抹平周围表面，窖上边缘高出地平面0.5m。一般窖深2.5~3m，为防窖底渗水，可在窖底铺一层油毡，上盖塑料布，再用防水水泥抹面。另外，青贮料不太多时，可利用塑料袋代替窖。供调制青贮用的塑料袋的材料应是无毒农用聚乙烯双幅塑料薄膜，厚度为0.8~1.0mm，塑料袋的颜色通常为黑色，或者外白内黑两色。一般每个塑料袋以装青贮料240~250kg为宜，底部及旁侧可用热粘合、压紧。青贮袋省工省料，安全可靠，简单易行，最适宜于家庭养殖使用。

　　青贮原料的装填：选择晴朗无风的天气进行采收。切碎机应安放在窖边，切碎后的原料可及时入窖或入袋。装填前，窖内清扫后，窖底部可铺一层10~15cm厚不易腐烂的干草或切短的秸秆，以便吸收青贮汁液。窖壁四周可铺垫塑料薄膜，以加强密封性，防止漏气和渗水，并在窖口铺上塑料布以免泥水沾污。一旦开始装填，就要求迅速进行，以避免原料腐败变质。一般来说，一个青贮设施要求2~3天内装满，装填时间越短越好。装填青贮原料时应逐层装入。每层装10~20cm厚，即时铺平，用人力或机械充分压紧、踩实，特别注意窖壁和窖角处的压实。原料压得越坚实，残留在原料间隙的空气越少，有利于造成乳酸菌喜好的厌氧条件。每铺一层后，先喷一遍甲醛（浓度1‰），再喷一遍酵素菌溶液（1%~2%），然后继续铺青贮料，压实，如此反复，直至高出袋或窖面50~60cm为止。青贮紧实程度不同以发酵完成后饲料下沉不超过深度的10%为标志。

　　青贮窖的封顶：窖装满后，在顶部盖一层塑料薄膜或草席等物，再加盖60cm厚的泥土，并做成馒头形。表面的泥土应培实，四周用湿土糊严。在青贮后1~2周内要经常检查，随时将因青贮料下沉造成的盖土裂缝及时修补，以防渗水、漏气。

　　桑叶青贮技术成功的关键是物料的压实和密封。选择先压实再裹包的青贮设备进行青贮，可以达到更加理想的效果。发酵过程一般4周即可完成，为防止二次发酵，在桑叶青贮时，可以添加防腐剂（如丙酸、甲酸等）和促进发酵的专用微生物接种剂。青贮发酵良好的桑叶具有浓郁的酸香味，颜色黄绿或略黑，叶脉清晰；而制备不良的桑叶青贮有臭味或霉味，不适于做饲料，若因密封不严导致桑叶青贮表面发霉时，可去除发霉部分后饲喂。

☞ 四、动物饲养技术与效果 ☜

1. 桑叶在反刍动物上的饲喂效果

桑叶具有很高的消化率，尤其是作为青绿饲料，体内、体外试验都反复证明了这一点。严冰等（2000）研究表明，桑叶在瘤胃内的消化性较好，48h 干物质消化率高达 62%。Benavides（1995）曾报道过桑叶的消化率，叶子为80%~93%，茎消化率为 50%。通常桑叶的消化率为 70%~80%，茎为 37%~44%，树皮为 60%，全植株平均为 58%~79%（与茎叶比例有关）（Manuel，2001）。各种反刍动物对桑叶的采食量都很高，如山羊对桑叶干物质的每日采食量可达体重的 4.2%（Jegou，1994），绵羊可达体重的 3.4%（Jayal，1962）。严冰（2000）报道，给反刍动物补饲桑叶能增加饲料总采食量。一般认为，青绿饲料补饲量在 25% 以内时，不会对基础饲料采食量有大的影响（Liu et al.，1995）。反刍动物的饲料采食量受消化道动态容量、静化学、静力学和代谢等各种生理的调节（卢德勋，1993），并受到饲料、动物、环境等综合因素的影响。桑叶作为青饲料改善了瘤胃生态环境，增加了瘤胃内纤维分解菌在纤维物质颗粒上的附着，促进其繁殖，从而提高秸秆的消化率和采食量。Liu（1995）认为，补饲青饲料可以增加进入瘤胃的营养物质的平衡，从而提高采食量。

桑叶用作饲料对反刍动物特别是小型反刍动物的影响最大。山羊和绵羊通常比大型反刍动物有较高的营养要求，并且能从采食高营养价值的桑叶中获得。尽管在许多情况下桑叶是一种很有价值的饲料资源，但在以牧草为生产基础的热带地区，其益处更加突出，对小型反刍动物而言，桑叶的营养价值比禾本科牧草高 80%~100%，比热带豆科牧草高 40%~50%。桑叶可以作为动物日粮的主要组分饲喂，并且证明此时动物的个体生产性能和单位土地面积的畜产品产量都表现出优异的成绩。在小群舍饲条件下，桑叶正在被选择作为小型反刍动物的基础饲料使用（如哥斯达黎加、古巴、巴拿马等国）。

用桑叶代替精料中的菜籽饼饲喂湖羊，发现桑叶对湖羊是一种很好的蛋白质补充料。但体外产气法和饲养试验均发现桑叶与菜籽饼之间存在负组合效应。如混合补饲菜籽饼和桑叶的湖羊的日增重分别比单独补饲菜籽饼的低 19%~31%，比单独补饲桑叶的低 15%~27%。这可能与抗营养因子有关，如桑叶中的植物凝集素、多糖或菜籽饼中的硫葡萄糖甙。有关人士指出，桑叶和大豆粕在瘤胃发酵时相互影响：用湖羊瘤胃液体外培养二者的混合物，当桑叶和大豆粕的比例为 40∶60 时出现负组合效应，而为 20∶80 组合时，又出现正组合效应。

然而，桑叶对反刍动物的最大作用是在作为泌乳奶牛和生长奶牛的补充料时表现出来。桑叶作为幼犊牛的补充料，可以节约代乳料的消耗量，并促进犊牛瘤胃的发育和生长。在 0~4 月龄小犊牛限制性哺乳时，桑叶可代替 50% 的精料，并且不影响其生产性能；桑叶代替 25% 精料时，生产性能最好，饲养成本最低。有报道称，桑叶作为幼犊的补充料，可以节约乳或代乳料的消耗量，促进犊牛瘤胃的生长和发育。Velazquez（1992）报道，在危地马拉，对于公牛犊来说，高粱青贮料作为基础料增加桑叶饲喂量，总采食量及增重增加，而盐分和矿物元素的利用率降低。当桑叶作为泌乳奶牛的补充料，能够提高产奶量并降低饲养成本。

Roothaert 等将桑叶、紫色狼尾草、木薯、异叶银合欢等按干物质的 25% 比例添加到乳牛饲料中，结果表明，桑叶组的体内消化率、瘤胃中消化物降解率、产奶量等均优于紫色狼尾草、木薯、异叶银合欢。Tewatia 等在犊牛饲粮中按干物质的 25%、50% 添加嫩的桑枝叶，结果显示桑叶能提高水犊牛的消化率、日增重，尤其是瘤胃中氨基酸含量明显增加。崔振亮等研究探讨青贮桑叶对肉牛瘤胃细菌区系的影响，结果表明，桑叶仅对瘤胃细菌区系结构有影响而对瘤胃细菌的多样性无影响。

Rao 等在全价配合饲料饲喂基础上分别添加 40% 的印度桑叶、楝叶补饲山羊，研究证明，补饲桑叶能提高总消化营养物质、营养效价、蛋白吸收率和总氮吸收率等。Kandylis 等探讨孟加拉榕、高臭椿、牧豆树、印度桑树、羊蹄甲等 10 种树叶进行绵羊饲养试验发现桑叶体内干物质消化率为 41.7%，位居第四。严冰等研究桑叶作为湖羊补饲料证明一定含量的桑叶能促进湖羊生长，提高生产性能。梅宁安等将桑叶代替玉米作为湖羊的补饲料发现桑叶能同时提高杂交羊产肉性能，改良羊肉品质和提高熟肉率，降低剪切力值，提高羊肉嫩度。李伟玲等研究表明，在肉羊饲粮中添加桑叶能提高肉羊的生产性能，增加肌肉鲜味氨基酸和肌酐酸含量，改善羊肉品质，并提高血清总蛋白含量，增强机体抗氧化和免疫能力。

从以上情况看出，桑叶在经济上和营养上都具有代替商业混合精料的优势。研究表明，在谷物残余副产物秸秆为基础料的国家，用桑叶作为处理秸秆基础日粮补充料对家畜生产有重要意义。总之，桑叶作为反刍动物的饲料资源，能完全代替苜蓿干草，得到与苜蓿干草相近的消化率，应用于反刍动物生产，可降低饲养成本，增加养殖效益。

2. 桑叶在家兔上的饲喂效果

由于兔产业是一个新兴的小产业，国内外对桑叶饲喂家兔的研究较少。Singh 等报道在全价饲粮中分别添加 20%、40% 鲜桑叶饲喂兔发现，添加桑叶组的粗蛋白吸收率、平均体重和屠宰率均高于对照组。Maritinez 等详细研究桑叶和紫花苜蓿饲喂肉兔的比较效果，调查比较干物质消化率、采食量、能量转化、屠宰率、胴体脂肪含量、兔肝重、类脂中不饱和脂肪酸含量等指标，结果表明，除桑叶组肉质评价指标优于紫花苜蓿组外，其他指标差异不显著。Prasad、Premalatha 等在生长肉兔饲粮中添加 15%、30%、45% 桑叶粉，发现桑叶添加水平对干物质采食量、营养物质各养分和能量消化率无影响，但盲肠比随着桑叶添加量的增加而增加，指出桑叶可以在全混合饲粮中代替 15% 苜蓿草粉。Bamikole 等研究表明，生长肉兔饲粮中添加桑叶能提高肉兔采食量、营养物质消化率和增重，并能降低饲料成本。石艳华等发现，桑叶代替玉米豆粕饲喂肉兔，试验开始 1 周内，桑叶配合饲料被试验兔优先采食，结果表明，添加桑叶到饲粮中可提高饲料适口性，显著改善日增重，同时可以使兔肉肉质变细嫩，膻味变淡，含水量增加，口感好。

焦锋等在肉兔的日粮中添加不同比例的桑叶粉进行试验，研究了桑叶粉对肉兔生产性能和消化系统发育的影响。结果显示，不同处理组日增重、采食量及料重比与饲喂全价配合料组相比差异不显著，盲肠和盲肠内容物绝对重和相对重差异也不显著，表明桑叶粉可以完全替代苜蓿而作为生长期肉兔的饲料来源，添加量可为 15%~20%。闫晓荣等在新西兰兔日粮中添加桑叶粉试验中发现，添加 15% 桑叶粉日增重和 70 日龄体重极显著高于未添加桑叶组，料重比极显著低于未添加桑叶组；添加桑叶可显著降低新西兰兔血清中血糖、总胆固醇、总甘油三酯和尿素氮的含量，添加 15%~20% 的桑叶粉可提高新西兰兔的屠宰性能，改善兔肉肉品的物理性状，有降低肉品中粗脂肪含量和提高蛋白质含量的趋势，建议桑叶粉的添加量为 15%~20%。罗明华在肉兔日粮中添加 15% 和 30% 的桑叶粉代替部分玉米、豆饼、麦麸和碎米，试验表明用桑叶养兔效果显著，且具有成本低、见效快等特点。侯启瑞等在饲粮中分别添加 0、5%、10%、15% 和 20% 的桑叶粉对獭兔生产性能的影响进行了研究，结果表明，添加桑叶粉对獭兔采食量没有显著影响，但随着添加量的增加，平均日增重逐渐减小，在不超过 15% 添加量时影响不显著；添加 10% 时料重比最低，提示适量添加桑叶粉可刺激獭兔消化系统的功能发挥，提高其分泌消化液和吸收营养物质的能力；当桑叶粉添加量达到 20% 时，獭兔的半净膛率提高，但未达到显著水平，腿肌指数显著大于 5% 桑叶粉饲粮组；獭兔的心脏指数随着桑叶粉添加量的升高而增加，但未达到显著水平；添加桑叶粉对毛皮面积和被毛长度无显著差异，但使獭兔毛皮质量和厚度呈下降趋势，15%和20%添加量组显著低于未添加桑叶粉组；桑叶粉添加对獭兔肌肉中氨基酸的组成无显著影响，但添加10%桑叶粉獭兔肌肉中各种氨基酸含量最高，研究认为2~3月龄獭兔日粮中桑叶粉添加量在15%以内为宜，添加10%桑叶粉可获得具有独特风味的兔肉。

四川省畜牧科学研究院2014—2015年进行了桑叶在肉兔中的利用研究。试验选择144只35日龄、健康、发育良好、体重相近的新西兰兔，随机分为4组（公母各半、每组6个重复，每个重复6只），在各组饲粮中分别添加桑树茎叶0、8%、16%和24%，其营养水平基本一致。试验期6周。测定各组生产性能，饲养试验结束，每个处理选择6只兔（公母各半，与本处理均重相近）进行血样采集、屠宰，测定饲喂桑叶对肉兔血液生化指标、屠宰性能和肉质的影响。研究结果见表2-12至表2-17。

表2-12　不同水平桑树茎叶饲料对肉兔生产性能的影响

项目	对照组	8%组	16%组	24%组
初始体重（g）	708.00±10.33	706.33±13.68	705.50±13.40	707.00±9.82
终末体重（g）	2 064.50±55.65^a	2 042.00±49.25^a	2 012.12±33.61^{ab}	1 959.86±60.41^b
总增重（g）	1 356.50±54.82^a	1 335.67±45.29^a	1 306.62±29.30^{ab}	1 252.86±56.31^b
平均日增重（g）	32.30±1.31^a	31.80±1.08^a	31.11±0.70^{ab}	29.83±1.34^b
平均日采食量（g）	107.47±3.73	108.62±3.45	108.30±2.30	109.65±4.83
料重比（%）	3.33±0.14^b	3.42±0.11^b	3.48±0.06^{ab}	3.69±0.12^a

注：同行数据肩标不同小写字母表示差异显著（$P<0.05$）；未标字母表示差异不显著（$P>0.05$）。以下各表同

由表2-12可知，肉兔的平均日增重随着桑树茎叶饲料添加量的增加呈下降趋势，且24%组的平均日增重显著低于对照组；桑树茎叶饲料对肉兔平均日采食量无显著影响；肉兔的料重比随着桑树茎叶饲料添加量的增加逐渐升高，且24%组的料重比显著高于对照组，8%组和16%组的料重比与对照组差异不显著。

表 2-13　不同水平桑树茎叶饲料对兔肉背肌品质性状的影响

项目		对照组	8%组	16%组	24%组
肉色$_{45min}$	a^*	1.89±0.09^b	1.95±0.11^b	2.34±0.17^a	2.43±0.10^a
	b^*	1.57±0.11	1.64±0.19	1.76±0.11	1.67±0.12
	L^*	36.59±1.27	36.77±0.90	36.92±1.39	37.20±1.43
肉色$_{24h}$	a^*	1.89±0.19	1.91±0.24	1.98±0.19	2.08±0.21
	b^*	1.83±0.16	1.90±0.19	2.04±0.18	2.07±0.15
	L^*	42.70±0.69	42.97±1.25	43.40±1.08	43.60±0.53
pH$_{45min}$		6.75±0.20	6.77±0.17	6.78±0.22	6.76±0.23
pH$_{24h}$		5.73±0.13^b	5.86±0.12^{ab}	5.92±0.12^a	5.97±0.08^a
滴水损失（%）		2.69±0.11^a	2.51±0.12^a	2.29±0.16^b	2.28±0.18^b

表 2-14　不同水平桑树茎叶饲料对兔肉腿肌品质性状的影响

项目		对照组	8%组	16%组	24%组
肉色$_{45min}$	a^*	2.86±0.15^c	3.21±0.15^b	3.45±0.13^a	3.48±0.14^a
	b^*	1.82±0.16	1.89±0.19	1.93±0.15	2.01±0.14
	L^*	44.43±0.96	45.24±1.14	44.67±0.40	45.06±0.07
肉色$_{24h}$	a^*	2.98±0.16	2.91±0.34	3.06±0.12	2.97±0.15
	b^*	2.04±0.11	1.97±0.11	2.12±0.09	2.01±0.12
	L^*	48.65±0.78	49.21±1.31	50.14±1.06	48.97±0.72
pH$_{45min}$		6.84±0.14	6.89±0.11	6.83±0.12	6.90±0.10
pH$_{24h}$		5.84±0.08^b	5.92±0.09^{ab}	5.97±0.10^{ab}	6.04±0.11^a
滴水损失/%		3.19±0.07^a	3.01±0.10^{ab}	2.89±0.14^b	2.85±0.18^b

　　由表 2-13、表 2-14 得知，16%、24%组肉兔背肌和腿肌 45 min 时的肉色（a^*）显著高于对照组，8%组的 45 min 时的肉色（a^*）与对照组差异不显著；桑树茎叶饲料对背肌、腿肌的 24h 肉色指标和 45min 时 pH 值无显著性影响，但随着桑树茎叶饲料添加量的增加，上述指标逐渐升高；16%、24%组肉兔背肌、腿肌 24h 时 pH 值显著高于对照组；16%、24%组肉兔背肌、腿肌滴水损失率显著低于对照组。

表 2-15 不同水平桑树茎叶饲料对兔肉营养成分的影响

项目	对照组	8%组	16%组	24%组
背肌水分（%）	75.20±0.24	75.10±0.25	75.27±0.31	75.14±0.20
背肌粗蛋白（%）	22.23±0.16	22.27±0.20	22.29±0.21	22.34±0.22
背肌粗脂肪（%）	1.66±0.12	1.60±0.15	1.63±0.13	1.56±0.12
背肌肌苷酸（mg/g）	1.20±0.13[b]	1.39±0.15[b]	1.63±0.15[a]	1.74±0.17[a]
腿肌水分（%）	76.41±0.16	76.35±0.14	76.28±0.09	76.24±0.17
腿肌粗蛋白（%）	20.89±0.20	21.10±0.17	21.13±0.14	21.15±0.15
腿肌粗脂肪（%）	1.70±0.13	1.65±0.15	1.65±0.15	1.59±0.16
腿肌肌苷酸（mg/g）	1.02±0.13[c]	1.13±0.13[bc]	1.25±0.14[ab]	1.33±0.17[a]

由表 2-15 可知，桑树茎叶饲料对肉兔背肌、腿肌的水分、粗蛋白含量和脂肪含量无显著影响，但粗蛋白含量随着桑树茎叶饲料添加量的增加呈上升趋势，粗脂肪含量呈下降趋势；桑树茎叶饲料能显著提高肉兔背肌、腿肌中风味物质肌苷酸的含量，16%、24%组背肌、腿肌中肌苷酸含量显著高于对照组，8%组与对照组差异不显著。

表 2-16 不同水平桑树茎叶饲料对兔肉背肌脂肪酸组成的影响

项目	对照组	8%组	16%组	24%组
豆蔻酸（%）	2.70±0.17	2.51±0.17	2.45±0.32	2.60±0.27
棕榈酸（%）	33.01±3.05	32.45±2.74	30.98±2.29	29.60±3.01
硬脂酸（%）	10.50±1.87	8.98±1.50	9.60±2.36	9.57±2.21
棕榈烯酸（%）	3.20±1.18	2.91±1.68	2.45±1.27	2.61±1.44
油酸（%）	18.80±2.75	19.24±2.29	19.68±3.18	22.10±3.00
亚油酸（%）	22.51±2.61	23.36±2.76	23.90±2.83	24.12±2.69
亚麻酸（%）	3.11±1.03[c]	3.62±0.90[bc]	4.56±1.08[ab]	5.05±1.24[a]
其他脂肪酸（%）	5.99±1.14[a]	6.93±1.36[a]	6.31±1.70[a]	3.86±1.05[b]

表 2-17 不同水平桑树茎叶饲料对兔肉腿肌脂肪酸组成的影响

项目	对照组	8%组	16%组	24%组
豆蔻酸（%）	2.57±0.46	2.81±0.22	2.83±0.24	2.35±0.54
棕榈酸（%）	35.02±1.92	31.83±2.18[b]	31.69±2.73[b]	29.52±2.21[b]

（续表）

项目	对照组	8%组	16%组	24%组
硬脂酸（%）	10.48±1.72	8.77±1.39	9.25±1.71	10.83±1.65
棕榈烯酸（%）	2.62±0.11	2.53±1.19	2.76±1.32	2.32±1.04
油酸（%）	21.33±2.21	23.68±2.42	23.12±1.12	23.78±2.35
亚油酸（%）	20.39±1.14	21.63±1.70	21.31±2.11	22.22±1.39
亚麻酸（%）	3.50±0.63[b]	3.98±0.12[ab]	4.40±0.68[a]	4.78±0.93[a]
其他脂肪酸（%）	5.48±1.43	4.61±1.37	4.46±1.35	4.02±1.25

由表2-16、表2-17可得知，16%、24%组背肌不饱和脂肪酸中亚麻酸的含量显著高于对照组；16%、24%组腿肌的饱和脂肪酸中棕榈酸及不饱和脂肪酸亚麻酸的含量均显著高于对照组。

综上所述，饲粮中桑树茎叶饲料添加量不超过16%时，对生长肉兔的平均日增重、平均日采食量和料重比无显著性影响，但能提高屠宰后肉兔肌肉的红度和持水力，降低肌肉中饱和脂肪酸含量，提高肌肉中多不饱和脂肪酸及风味物质含量，从而改善兔肉品质。

根据试验结果总结出桑叶在肉兔中的饲喂技术。

桑叶鲜喂技术：使用新鲜桑叶饲喂商品肉兔的鲜喂技术，该技术适用于我国种植桑树的肉兔产区，技术要点如下。①桑叶的使用方法：采摘的桑叶与其他青草按比例搭配后一起晾晒半天至一天后方可使用，桑叶与青草的搭配比例为（0.5~1）∶1。每天饲喂2~3次，仔幼兔育肥期间全程桑叶平均采食量为100~150g，青草平均采食量为100~200g。②配合饲料的使用方法：从补饲开始使用，补饲期间饲料自由采食，断奶后每天饲喂1~2次，控制饲喂，每天饲喂量为兔体重的5%左右，仔幼兔育肥期间全程饲料平均采食量为50~100g。③配合饲料（精料补充料）营养标准：粗蛋白19.0%、粗纤维13.0%、消化能10.50MJ/kg、粗脂肪2.2%。注意事项：①56天以前桑叶和青草尽量晾蔫，以减少肠道疾病的发生；56天以后只需将桑叶和青草表面的水分晾干即可。②加强球虫病的预防，减少由于球虫病引起的死亡。

桑叶粉饲喂技术：桑叶饲料饲喂商品肉兔的饲喂技术，该技术适宜于我国所有肉兔主产区，技术要点是：①桑叶粉饲料营养标准：粗蛋白17%、粗纤维15%、消化能10.3MJ/kg、粗脂肪1.3%。②桑叶粉的添加量：桑叶粉在饲料中的添加量为8%~16%。③饲喂方式：断奶前仔兔从补饲开始使用精料补充料，补饲期间精料自由采食，断奶后每天饲喂1~2次；断奶后限量饲喂，每天饲喂量为兔体重的 7% 左右；全程平均采食量为 100～150g。注意事项：①饲料中添加抗球虫药物，从补饲开始预防球虫病，肉兔屠宰前 1 周停止添加抗球虫药物。②断奶后采取限量饲喂，不能采取自由采食，以减少肠道疾病的发生。③育肥期间不饲喂鲜桑叶和青草。

3. 桑叶在鹅上的饲喂效果

目前，关于桑叶在养鹅中的研究报道较少。黄旋等研究表明，桑叶中粗纤维具有较高消化率，其值为 29.28%～35.26%，且桑叶中粗纤维含量与鹅对其消化率呈正相关；与鹅对鱼粉中主要氨基酸表观利用率相比，测得各氨基酸和总氨基酸的表观利用率都较低，饲喂桑叶时，并非钙和磷含量越高利用率越大，总体看来，桑叶是一种较为理想的蛋白质补充料。李瑞雪在皖西白鹅基础日粮中分别添加 5%、8% 和 11% 的桑叶粉研究其对鹅生长和屠宰情况及肉质的影响，试验表明，饲料中添加桑叶粉后，皖西白鹅的平均日采食量略有增加，但平均日增重极显著降低，导致料重比极显著增加，饲料转化率降低；而皖西白鹅的屠宰率、半净膛率均显著高于未添加桑叶组，同时还发现添加桑叶粉能极显著降低皖西白鹅的腹脂率，除 5% 桑叶粉添加组外，8% 和 11% 桑叶粉添加组皖西白鹅肌肉中的肌苷酸含量均略高于未添加桑叶组；11% 桑叶粉添加组硫胺素含量显著高于其他各组，说明桑叶粉可以提高鹅肉鲜香风味。

第三章

油料作物副产物

第一节　花生作物副产物的饲料化利用

☞　一、概况　☜

花生是重要的油料作物之一，世界各大洲均有种植，以中国、美国、印度种植最广泛。FAO 统计数据显示，中国花生收获面积仅次于印度，居世界第二位，总产量居世界首位。我国花生种植历史悠久，分布广泛，且主要集中在河南、山东、河北、广东、安徽、湖北、辽宁等省。截至 2013 年，中国花生种植面积达 460 多万公顷，占全国主要油料作物种植面积的 18%，占世界种植面积的 18%。花生（带壳）产量为 1 600 多万吨，占全国主要油料作物总产量的 20%。花生生产、加工的同时，还产生了约占总生物量 50% 的花生秸和花生壳等副产品。除少量作为粗饲料外，大量的花生秸和花生壳被烧掉或白白扔掉，没有充分合理的利用，浪费了资源。据不完全统计，我国年副产花生壳超过 500 万 t，花生秸秆 3 000 万 t，数量还在猛增，面对这一数量庞大的资源，如何充分利用花生壳，加强其综合开发的力度，对增加经济效益和保护环境有重要意义。

据统计，我国花生秸主要分布区域为华北地区和长江中下游地区，其中以河南、山东最多（表 3-1）。我国秸秆资源主要利用途径为秸秆还田、饲料、燃料、工业原料和食用菌基料这 5 个方面，以秸秆还田为主。秸秆资源的利用程度与秸秆的可搜集量和可利用率关系较大。以河南省为例，花生秸的饲料化利用率达 43.02%，仅次于红薯藤（52.2%）。

表 3-1 全国各省区市花生秸产量 (2011 年数据) （单位：万 t）

区域	省市	花生秸产量	区域	省市	花生秸产量
华北	北京	1.5	中南	河南	490
	天津	0.6		湖北	78.3
	河北	146.9		湖南	36.5
	山西	2.5		广东	103.5
	内蒙古	3.5		广西	54.2
	合计	155		海南	11.2
东北	辽宁	132.8		合计	773.7
	吉林	41	西南	重庆	11.5
	黑龙江	6.5		四川	71.5
	合计	180.3		贵州	7
华东	上海	0.2		云南	8
	江苏	42.2		西藏	0
	浙江	6.2		合计	98
	安徽	96.1	西北	陕西	10.6
	福建	29.3		甘肃	0.3
	江西	49.8		青海	0
	山东	386		宁夏	0
	合计	609.8		新疆	1.5
				合计	12.4

☞ **二、营养价值** ☜

(一) 花生秸

1. 营养价值

花生秸，又称花生秆、花生藤、花生稿、花生秧，是收获花生以后的副产品。新鲜的花生秸含有丰富的维生素 C、维生素 E 和大量的叶绿素，粗蛋白质含量较少，仅含 1.20% 左右，粗纤维含量较高，达 70.00% 以上，钙磷含量较少，仅为 0.07% 和 0.03%，另外还含部分矿物质。

干燥后的花生秸营养十分丰富（表 3-2），粗蛋白含量高，RFV 值为 193.19，是牛羊等反刍动物极好的粗饲料来源。还含有丰富的氨基酸（表 3-3）和微量元素（表 3-4），氨基酸总量与玉米秸接近。

表 3-2 花生秸的营养成分含量 （n=11）　　　　（单位：%）

	DM	GE kJ/g	CP	EE	NDF	ADF	Ash	Ca	P
平均值 X	92.19	16.03	10.08	2.06	33.83	26.49	8.68	1.4	0.16
变异系数 $C \cdot V$	1.92	0.004	21.54	51.03	15.61	17.06	23.72	25.63	32.19

表 3-3 花生秸氨基酸含量　　　　（单位：%）

氨基酸种类	天门冬氨酸	苏氨酸	丝氨酸	谷氨酸	脯氨酸	甘氨酸
含量	0.685	0.292	0.325	0.751	0.565	0.32
氨基酸种类	丙氨酸	半胱氨酸	缬氨酸	蛋氨酸	异亮氨酸	亮氨酸
含量	0.349	0.125	0.385	0.157	0.298	0.506
氨基酸种类	酪氨酸	苯丙氨酸	赖氨酸	组氨酸	精氨酸	氨基酸总量
含量	0.02	0.472	0.404	1.433	0.306	7.393

表 3-4 花生秸的微量元素含量　　　　（单位：mg/kg）

钴/磷*	铁	锰	铜	锌
1.8	576.05	264.74	8.13	60.17

*：钴/磷指两者的比例

　　花生秸的营养价值还受收获时期的影响。若在不影响花生产量的前提下，提前收割，可极大地提高花生秸营养价值，此时花生秸 EE 含量为 4.95%，CP 含量可达 15.23%。据测定，花生秧刈割提前 20 天、15 天、10 天、7 天、5 天，其营养价值变化很大（表 3-5），以提前 10 天效果最好。此时的花生秸与其他优质牧草相比，CP 含量是苏丹草的 1.5 倍左右，比多年生黑麦草稍高，与盛花期的紫花苜蓿基本相当（表 3-6）。不同刈割高度（距离地面 0、3、5、7、10cm）对花生秧营养成分也有一定的影响（表 3-7）。距离地面 3~5cm 刈割高度时各养分含量均达到最大，显著或极显著高于其他处理。

表 3-5 不同刈割时间下花生秸营养成分的差异

项目	T1	T2	T3	T4	T5	T6
CP	11.9	12.6	14.4	10.9	11.3	11.6
EE	1.3	3.3	3.4	2.7	3.0	2.9
CF	19.8	16.5	20.1	19.3	18.8	19.8
Vpp	38.2	38.7	40.2	40.2	39.1	40.0
VB_2	31.4	31.3	31.3	33.0	26.5	23.8
VB_6	8.7	9.0	9.6	10.7	10.9	8.8

表3-6 花生秸与其他常见牧草营养成分比较 　　　　　（单位:%）

牧草种类	粗蛋白	粗脂肪	粗纤维
花生秧	15.2	5	20.1
紫花苜蓿（花期）	16.7	2.6	31.9
多年生黑麦草	13.7	3.8	21.3
苏丹草	9.4	1.7	34.4

表3-7 不同刈割高度花生秸营养成分的差异

项目	CH1	CH2	CH3	CH4	CH5
CP	13.2	15.23	15.18	13.69	14.61
EE	2.29	4.95	2.81	3.56	3.47
CF	20.62	23.62	22.17	17.99	16.29
Vpp	39.4	39.77	39.73	41.3	40.7
VB_2	31.3	30.8	30.6	35.1	32.8
VB_6	9.67	9.96	10.22	10.64	10.42

2. 降解率

花生秸的营养价值高，饲用价值也高。在瘤胃中可被有效降解，为牛羊等反刍动物提供丰富的营养。包淋斌等（2015）在测定花生藤在锦江黄牛瘤胃降解率中分析得出，花生藤的 DM、OM、CP、NDF、ADF 降解率分别为59.02%、52.38%、58.35%、26.44%、35.38%（表3-8）。

表3-8 花生藤养分降解参数及有效降解率 　　　　　（单位:%）

项目	DM	OM	NDF	ADF	CP
快速降解部分（a）	26.22	10.66	0.37	7.62	7.74
慢速降解部分（b）	50.15	64.7	49.02	51.24	71.98
可降解部分（a+b）	76.37	75.36	49.39	58.86	79.72
慢速降解部分降解速率（c）	9.45	9.08	5.68	5.91	11.84
有效降解率（ED）	59.02	52.38	26.44	35.38	58.35

在大足黑山羊中，花生秸的 DM 和 CP 瘤胃降解率分别为44.29%和52.15%，显著高于其他粗饲料。郑向丽等研究4种（TI、TJ、汕 G 和泉花7号）花生秸秆，花生秸 DM 在奶牛瘤胃中的有效降解率为44.86%～49.87%，

CP 的为 45.73% ~ 59.20%，NDF 的为 31.92% ~ 7.45%，ADF 的为 29.42% ~ 36.57%。

3. 消化率

花生秸的营养较为全面，小尾寒羊对花生秸的消化率较高（表 3-9）。

表 3-9　花生秸养分消化率　　　　　　　　（单位：%）

项目	DM	CP	CEE	CF	NFE
消化率	79.45	72.73	69.03	72.63	90.31

兔对花生秸的消化率不如羊。李海利对生长獭兔的研究显示，适量花生秸对兔消化机能有一定的促进作用。相较于 10% 和 20% 替代组花生秧的表观消化能 7.97 和 7.88MJ/kg，15% 替代组花生秧的表观消化能得到显著提高，为 8.20MJ/kg，其他 CP 和 CF 也都表现了相同的规律。

肉兔对不同产地的花生秧表观消化率具有差异性。马佳等用 20% 花生秧（分别来自辽宁、吉林和黑龙江）替代基础饲粮饲喂肉兔，结果表明：其中吉林花生秧 CP 和 P 消化率最高，花生秧在肉兔中的平均表观消化能为（5 166.7±1 182.6）kJ/kg DM；花生秧在肉兔中的 DM、CP、CF、EE、Ash、Ca、P 和 NFE 的平均消化率分别为：39.39%、57.54%、6.71%、27.18%、21.53%、20.55%、36.29%、44.05%。这可能是花生秸的品种、加工形式等方面造成的差异。袁翠林等评价了 17 种山东省羊常用粗饲料，结果表明，花生秸的干物质消化率（IVDMD）为 48.44%，消化能和代谢能分别为 8.07、6.58MJ/kg，GI 值为 0.74，在秸秆类饲料中仅次于地瓜秧。

（二）花生壳

1. 营养价值

花生壳为加工花生后的副产品，成熟的花生壳晒干粉碎后为黄白色粉末。花生壳营养丰富，粗蛋白、粗脂肪含量分别为 4.8% ~ 7.2%、1.2% ~ 1.8%，淀粉含量为 0.7%，还原糖、双糖和戊糖分别为 0.3% ~ 1.8%、1.7% ~ 2.5% 和 16.1% ~ 17.8%，矿物质元素含量比较丰富，其中钙磷镁钾氮含量分别为 0.20%、0.06%、0.07%、0.57%、1.09%，每千克花生壳中含铝 454mg、铁和锶 262mg、钠 66mg、锰 45mg、钡 16mg、锌和硼 13mg、铜 10mg。花生壳最主要的成分是粗纤维，含量为 65.7% ~ 79.3%，其中中性洗涤纤维约占 80%，将其进行发酵或化学处理后花生壳的营养价值和可消化率均有较大提高，是粗饲料的重要来源。

此外，花生壳还含有胡萝卜素、木糖等药用成分，可提取重要的化工原料，如醋酸、糠醛、丙酮、甲醇、菲丁等。在我国花生壳廉价易得，其膳食纤维的含量在60%以上，作为膳食纤维原料开发养殖动物，不仅可以提高其营养价值，节约成本，而且将有助于资源的综合利用。另外还含有多种有益的活性成分，如 β-谷甾醇、胡萝卜素、皂草苷、木糖等，这些成分具有很强的保健功能，如用于开发营养性饲料加强剂，其市场潜力巨大。

2. 降解率

花生壳中的 ADF 含量较高，据一些试验中测定高达 71.39%，严重影响了花生壳养分的瘤胃降解率。据测定，花生壳在山羊瘤胃中干物质（DM）、有机物（OM）、粗蛋白（CP）、中性洗涤纤维（NDF）和酸性洗涤纤维（ADF）的瘤胃有效降解率仅为 11.57%、10.22%、35.87%、9.91% 和9.97%，难以被瘤胃微生物降解利用，不适合作为饲料直接应用。

3. 消化率

花生壳中的 CF 含量高达 50.91%，并含 21.08%的 ADL，ash 含量也较高（9.16%）。因此，消化率较低。杨等测定，花生壳在兔日粮中的表观消化能仅为 5.69±3.22MJ/kg，能量表观消化率仅为 32.82%。其他营养成分的消化率也不高（表 3-10）。其中 NDF 的消化率与李福昌报道的家兔对大豆壳中 NDF 的消化率（28.2%）基本一致。兔对花生壳中 DM 消化率不及肉牛对花生壳-麦秸型饲粮（花生壳 35%，麦秸 15%）中的 DM 消化（44.60%）。试验测得的兔对花生壳中各营养物质的消化率高于 Lindemann 等报道的猪对花生壳各养分的消化率（DM 28.8%，CP 29.6%，NDF 14.9%，ADF16.4%），主要是由于兔为草食动物，具有发达的盲肠，与猪相比，能较好地利用纤维类饲料。

表 3-10　花生壳主要营养物质含量及在兔饲粮中的表观消化率　　（单位:%）

项目	常规营养成分	兔饲粮中的表观消化率
总能（MJ/kg）	17.34	
干物质	93.11	28.89±19.48
粗蛋白	8.68	81.54±0.24
粗纤维	50.91	23.30±0.41
酸性洗涤木质素	21.08	20.85±0.84
NDF	63.28	28.62±0.43
ADF	55.33	26.20±0.43
粗脂肪	1.66	87.72±0.36

（续表）

项目	常规营养成分	兔饲粮中的表观消化率
粗灰分	9.16	58.16±0.32
钙	0.53	72.73±0.15
总磷	0.1	49.39±0.41
无氮浸出物	22.69	81.12±0.14

☞ 三、加工利用技术 ☜

（一）花生秸的加工利用技术

由于花生收获的季节性很强，一般在十几、二十天内收获完毕，使花生藤的直接利用受到限制，因此必须将其收割保存起来，才能充分利用，发挥其饲用价值。常见的主要利用途径有晒干、打捆、切短、粉碎、制粒与青贮等。

1. 晒干

晒干是加工花生秸的最主要方式。摘除籽实后的花生秸在强太阳光下晾晒3~7天，就可以基本达到干燥后长期保存的目的。晒干的方式是将新鲜的花生秸摊开在晒场上，厚度大约20~30cm，晾晒半天到一天后，待秸秆萎蔫，再将其搂拢成小堆，继续晾晒，直至茎叶脱水至20%以下（用手搓其叶片可以轻易碾碎，茎秆扭曲后不易弹回），就可以堆放贮藏。有条件的情况下要将其收贮于草料棚中，以避免雨淋后的霉变损失。草堆底部可用劣质的稻草等垫底，避免从地表吸潮而造成下部秸秆霉烂。晾晒过程中也注意：①选择晴朗天气进行，以免秸秆被雨淋后发生霉变；②在摊晒过程中如有必要可以进行翻动，以加快秸秆干燥；③翻草及搂草最好在清晨或傍晚进行，以免叶片大量脱落，造成营养损失；④大多花生秸在收获时是连根收获，根系上的泥土容易导致家畜发生口腔炎、肠胃炎等，最好将根切除后再加工饲喂动物。如遇阴雨天气，花生秸不易干燥，容易发生霉变，营养价值会大幅下降甚至产生毒素。

干燥的花生秸过于蓬松，不利运输。目前可利用打捆机，将花生秸打成高密度的方形草捆，既减少运输和贮藏体积，也方便堆放。打捆后的花生秸由于内部紧实，空气被尽量排出，更容易长期保存。现有的捡拾打捆一体机，使工作效率更进一步提高。

2. 切短粉碎

通过花生秸秆切短、粉碎等，以增加瘤胃微生物对秸秆的接触面积，提高通过消化道的速度，增加采食量。牛饲用秸秆适宜长度为4~5cm，羊饲用为

2~3cm，如果过细，消化率反而会降低。张慧等（2010）测定了花生秸经铡短（5~10cm）、粉碎（2~5cm）、揉碎（0.3~0.5cm）处理后，肉牛对养分消化率的变化，发现花生秸不同处理方式对肉牛日粮营养物质消化率存在极显著差异，粉碎>揉碎>铡短。

3. 制粒

制粒技术近些年被用于秸秆的加工处理当中，制粒可以使秸秆密度增加10多倍，有利于保存和运输，还可以增加反刍动物采食量30%~50%（毛华明，1989）。秸秆经粉碎后加上少量黏合剂与其他辅料（如精料、尿素或食盐等）混合制成颗粒饲料，目的是使粉碎的秸秆通过消化道的时间变长，提高家畜对其的消化时间。不同家畜对颗粒饲料的大小需求不同，喂牛的颗粒饲料粒径以 6~8mm 为宜，喂羊的颗粒饲料以 4~6mm 为宜。有试验研究表明，秸秆经制粒或压块处理后，可以有效地减少营养物质的损失，而且能使家畜的采食量增加 30%~50%。玉米秸秆和小麦秸秆通过压粒后，其体外有机物消化率分别达到 64%和 70%。

孙亚波用高比例的玉米秸和花生秸配合的日粮，经过加工制作成 TMR 颗粒饲料（精粗比 20：80），可以极显著地降低饲料成本。另外，在原料加工成 TMR 颗粒饲料前需要先粉碎成 8mm 左右的粉状，这就使秸秆等原料的消化率提高，更易于被动物消化利用。

4. 青贮

青贮就是将含水量为 65%~75%的青绿饲料切碎后，在密闭缺氧的条件下，通过厌氧乳酸菌的发酵作用，抑制各种杂菌的繁殖而得到粗饲料的一种加工方法。该方法成本低、效益好、利用率高，能够最好地保存花生秸的营养价值。

（1）直接青贮　技术要点：①原料准备。不影响花生经济产量的花生秧适宜收获时间、刈割高度，花生秧比正常时间提前 10 天左右收割，刈割高度 3~5cm，花生产量不受影响，花生秸的粗蛋白可提高到 15%，粗脂肪含量提高到 4%，极大地提高其饲料价值。若利用已收获的花生秧，必须尽快用铡刀切去根部再用。不必晾晒，以免茎叶过分干燥，水分缺失。②调节水分。将备好的花生秸切短或铡短成 3~5cm 长，调节水分在 65%~75%（用手用力攥紧原料，手上可见水渍而没有水滴下）。③装填密封。处理好的青贮料装填入青贮容器内（青贮窖、青贮缸、青贮池、青贮袋），按常规青贮技术密封青贮。两个月后就可以用了。制好的混合青贮料应为色泽青绿或黄绿，有强烈的酸香味。不过花生秸单独青贮较难成功，最好添加青贮发酵剂、绿汁发酵液等进行青贮。

（2）混合青贮　青贮成功的关键因素是青贮原料中水溶性碳水化合物含量的高低（一般要求原料中可溶性碳水化合物不低于 2%）。花生秧尽管营养物质丰富，但水分低、水溶性碳水化合物少、缓冲能值高，决定了其不宜单独青贮。因此，通常采用与其他碳水化合物含量较高的青贮原料，如甘薯秧、玉米秸等进行混合青贮，其效果较好。

花生秸+甘薯藤混合青贮（适于中国南方甘薯种植区）：花生收获前 2~3天刈割地上部分，或在收获花生后的 1~2 天切除根部后，将新鲜的花生秸与甘薯藤切碎后，按 1∶4 的比例拌匀，直接进行青贮即可。花生和甘薯基本同期收获，花生秸水分、碳水化合物含量均较低，而甘薯藤的较高，因此将两者混贮最为理想，可以弥补两者的不足。

花生秸+玉米秸混合青贮（适于中国北方玉米种植区）：我国玉米种植面积大、产量高，玉米秸秆资源丰富，是青贮原料的主要来源。但玉米秸秆中蛋白质、维生素及钙等矿物质含量不足，长期采用单一的青贮饲料饲喂家畜易造成营养不均衡现象。花生秧含有玉米秸秆中缺乏的粗蛋白质、多种矿物质及维生素，且适口性好，可显著提高青贮饲料的营养价值。将玉米秸秆添加 15%的花生秸，比单一的玉米秸秆中的粗蛋白质、粗脂肪含量分别提高 23.6%和15.5%，胡萝卜素、维生素含量增加明显，且青贮的适口性也得到了进一步改善。

花生秸+玉米秸+甘薯藤混合青贮：用花生秧、甘薯藤和玉米秸秆以1∶1∶2的配比进行混合青贮，研究表明，添加稀释 5 倍、20 倍的绿汁发酵液，或单独加入乳酸菌制剂均能显著改善青贮原料品质。

5. 微贮

微贮是通过添加乳酸菌、纤维分解菌等有益微生物，通过微生物的发酵作用而制成的一种具有酸香气味、适口性好、利用率高、耐贮的粗饲料。与青贮相比，其成功率更高，保存效果更好，特别适于花生秸这类不易青贮的饲料原料。

微贮花生秸的步骤是：①原料准备。应先将花生秸秆按要求粉碎或切成小段或丝状，其中用于喂牛、马、骡的饲料原料应切碎成 2~5cm，喂羊、鹿应切碎成 2cm 左右，喂猪、鸡、鸭、鹅、兔的秸秆或者藤蔓应粉碎。可以单独用秸秆发酵剂，也可将喂饲用的玉米粉掺入一同发酵，效果更好。②混合原料。调整湿度：将备好的花生秸秆物料加水搅拌均匀，含水量控制在 60%左右，判断标准为：用手紧抓一把物料，指缝见水不滴水，松手即散为宜。秸秆与水比例大致为 1.5 : 1。将微生物菌剂配置成发酵菌液，按比例，用新的喷壶（喷雾器）将发酵剂均匀地喷洒在物料上，要一边喷洒一边使之均匀。③密封发酵。将上述拌匀后的秸秆装填密封、量大用户可建造发酵池，批量处理，夏秋季节发酵时长为 5~8 天，冬季发酵时长需 10~15 天。④发酵控制。用于饲料发酵时为厌氧发酵，发酵过程要保证密封，以防变质，发酵装填时可踩实，赶出空隙中的空气。⑤饲料取食。由外向里逐层取料，可延长饲料保存时间。发酵花生秸可单独喂饲，也可掺入全价料中饲喂。第一次饲喂发酵花生秸的畜禽，应先少量试喂，待适应后，可逐步增加喂饲量。

微贮花生秸的注意事项：①原料。不能使用霉烂变质或有毒性花生秸，否则可能抑制有益微生物繁殖，影响发酵；同时对喂饲的畜禽造成不良影响。②密封。微贮过程为厌氧发酵，应密封发酵。③避光。不要在阳光直射的地方发酵，以防紫外线杀灭功能微生物，影响发酵。④搭配。因各类秸秆营养成分和各种气味不同，发酵后的饲料味觉也有一定差异，花生秸合理搭配含糖量比较高的其他原料发酵效果会更好，营养更全面。a. 粗精搭配，如在花生秸秆中加入 10%~15% 的玉米面一同发酵；b. 品种搭配，多种作物秸秆混合发酵，如花生秸与玉米秸、小麦秸混合等，这样营养更全面，效果更好；c. 饲喂搭配，发酵好的花生秸，应按所需比例与全价饲料混合物拌匀一同饲喂，牛、羊、鹅和空怀母猪，可直接饲喂，猪、鸡应按比例混喂。⑤重量。每次发酵秸秆重量一般应不低于 200kg，量太少不利于升温，难以保证发酵质量。

（二）花生壳的加工利用技术

花生壳资源极其丰富，但由于粗纤维含量高，硬度大，适口性差，动物消化利用率低，作为畜禽饲料受到很大限制，必须进行适当的加工调制。

1. 粉碎

单纯的粉碎只能改善花生壳的物理性质，提高适口性，并不能提高花生壳的营养价值。

刘思来等（2012）用研磨机对花生壳进行超微粉碎，花生壳在猪饲料中可代替 10% 左右的玉米，能提高育肥猪的猪肉品质，降低成本，增加效益。王雅芬等（2012）采用立体行星式环辊研磨机以机械活化法加工花生壳粉，与普通粉碎的花生壳粉相比，机械活化花生壳粉以 10% 替代基础日粮中的玉米后，日粮蛋白质消化率由 50.12% 提高到 71.83%，日增重由 635g 提高到 667g，料肉比由 3.81 下降到 3.78。机械活化主要是指固体物质在摩擦、冲击、碰撞、剪切等机械力的作用下，晶体结构及物化性能发生改变，使部分机械能转化为物质的内能，从而引起固体物质化学活性增加。花生壳受机械活化力的作用后，外观变化表现为物质颗粒的破裂、细化、比表面积增大，从而使花生壳结晶度下降，与消化液的接触面积增多，酶解效率提高，使体外消化率增加。

2. 发酵

花生壳富含丰富的纤维素，在木霉菌、曲霉菌、酵母菌、乳酸菌等优质菌种的作用下，添加适当添加剂，经过发酵后，营养价值和饲料利用率显著提高，促进动物（猪）生长效果明显。添加发酵花生壳可有效提高饲料营养价值，改善其适口性，提高利用率，同时也降低了饲料成本，增加了农户的收入。

蒋长苗等（2009）采用多种益生菌对花生壳进行半固体发酵，具体做法是将无霉变和沙土的干燥花生壳粉碎（粒度0.2mm以下），将100kg花生壳粉加1kg红糖、0.5kg精盐混合，加200kg的温水，混合2 000mL液态复合益生菌（含枯草杆菌、嗜酸乳杆菌和酿酒酵母等益生菌30亿cfu/mL），调匀成半湿料，放入40℃左右的温室，通风需氧发酵16h；再加入1 000mL液态复合益生菌拌匀，38℃堆积厌氧发酵18h；再加入1 000mL液态复合益生菌拌匀，32℃通风需氧发酵16h，40℃环境下鼓风烘干，制得发酵的花生壳粉。益生菌发酵的花生壳粉，其蛋白质含量提高6.3%，无氮浸出物含量提高3.7%，粗纤维含量降低12.5%；用发酵的花生壳粉替代15%全价饲料饲喂生长育肥猪，增重和料重比与完全饲喂全价饲料对照组比差异无显著性，并能降低腹泻发生率和减少粪臭。采用多种益生菌混合发酵花生壳粉，不仅作用时间短、工艺简单、成本低及无污染，而且适口性和营养价值显著提高。

美国一家研究所将花生壳粉碎进行蒸煮，晾至60℃左右，加入1%的干酵母粉和分解细菌，在发酵池内进行发酵，4天以后过筛，筛选出没有分解的粗壳，已分解成细粉的可用作牛饲料。据测定，这种花生壳饲料蛋白质含量达18%左右，可消化率在65%以上，是一种营养高而成本低的牛饲料。

3. 开发动物天然保健剂

花生壳提取物具有较强的保健功能，是一种很有开发价值的动物天然保健剂。花生壳中含有大量的碳水化合物和粗纤维，有研究者采用酶解的方法水解提取功能性低聚糖和膳食纤维，用于动物生产，降低生产成本的同时提高了花生壳的价值。还可采用微波法、超声波法萃取花生壳得到天然黄色素，可用乙醇提取出具有浓郁花生香味的物质，作为天然色素和香味剂应用于饲料中具有无毒、稳定性好等特点，同时还具有防腐作用，可作为天然防腐剂使用。花生壳中还含有一些药用成分。如花生壳中可以提取木樨草素，可以用于调节高脂血症，已被用于生产人用医药"脉舒胶囊"。有研究者已通过超高压、分离纯化等技术，从花生壳中提取出木樨草素、多酚、等活性物质，可以起到消炎、抗菌、抗氧化等多种功能。

☞ **四、动物饲养技术与效果** ☜

(一) 花生秸

新鲜的花生秸不仅营养丰富，而且质地松软，适口性好，可作为禽畜的优质粗饲料来源直接青饲利用。国内外有很多学者对花生秸在畜禽饲养中的作用进行了卓有成效的研究，并取得了许多重要的结果。

1. 牛羊

牛羊对花生秸的利用率较高，可以长期大量使用。刘圈炜等用70%切碎花生秧+30%苜蓿鲜草混合，饲喂波尔山羊取得很好的效果。孙亚波等探讨了以玉米秸、大豆秸、花生秸为主的日粮饲喂辽宁绒山羊，结果显示，以花生秸为主导的日粮瘤胃液 BCD 浓度 MCP 合成量较高，饲料转化利用率较好。王丽等通过对花生秧与羊草饲喂效果对比发现，花生秧喂羊效益更好。这可能体现在花生秸的诱食作用。Abdou 等研究发现，对羔羊饲喂谷物秸秆，补饲花生秸对日粮的 DM 和氮的摄入量有极显著的线性影响，当花生秸添加量增加时，采食量也显著增加。补饲花生秸对日粮 DM、纤维和氮消化率具有显著的线性影响，同时可显著提高羊的活重和饲料转化率。试验提示，在干草季，可对羔羊补饲花生秸 60g+麦麸 75g，可提高其体增重（80.5g/天 vs. 19.1g/天），单独补饲低水平的花生秸（200 g），也可提高其体增重。花生秸与玉米秸搭配，可提高饲料利用率。张一为将全株玉米青贮与花生秧按 100∶0、80∶20、60∶40、20∶80、0∶100 几个比例进行组合，利用体外瘤胃发酵技术测得全株玉米青贮与花生秧为 60∶40 时效果最好。

青贮之后，花生秸的利用率更高。如黄玉德等用青贮花生藤饲喂奶牛试验表明，青贮花生藤对奶牛的产奶性能和生长性能具有很好的提高效果。印度的 Durga 和 Prasal 等试验证明，用花生藤和浓缩精料按 2∶3 配制成全价日粮饲养生长羔羊，取得了良好的效益。同时报导，用含有 80%、60%、40% 和 20% 花生藤与浓缩精料饲养尼洛尔羊，其日增重分别为 40.3g、58.8g、71.9g 和 86.6g，说明用花生藤作为反刍动物的主要日粮成分是可行的。丁松林等（2002）试验说明，花生秸秆养牛饲用价值高，营养全面，通过青贮处理后更能发挥其饲喂价值，且增重效果明显。

2. 兔

家兔是以植物性饲料为主的单胃草食动物，粗纤维是其最重要且不可替代的营养素之一。花生秸为家兔提供粗纤维营养，对于维持其肠道正常的微生物区系平衡发挥重要的作用。日粮中添加适量的花生秸，能维持家兔的正常消化系统功能，降低家兔腹泻的发病率。

陆小虹、冯清泉（1995）用花生藤粉代替苜蓿草粉饲喂家兔的试验表明，用花生藤粉取代苜蓿草粉，可以保证饲料配方的稳定性，不影响家兔的生长性能，并可降低家兔饲养成本。有研究表明：在獭兔日粮中添加 30% 的花生藤粉，日粮蛋白质的含量 17.78%，能量 12.23MJ/kg，对繁殖獭兔的产仔数、窝均活仔数、初生个体重、断奶个体重影响不大。通过在日粮中添加较高比例的花生藤粉，能够降低饲料成本，解决冬春青饲料的不足，添加 30% 的花生藤粉效果最好。

但仔兔及断乳后的小兔酶系统发育尚不完善，对于饲料中的营养物质不能完全消化吸收，日粮中添加一些酶制剂，能够很好地促进仔兔生长发育提高饲料利用率。河北农业大学（谷子林，2013）选择两种酶制剂，一种为国产兔用复合酶（酶活性（U/g）：蛋白酶 3 000，纤维素酶 6 000，果胶酶 3 000，糖化酶 2 000，添加量为 2‰），另一种为耐得酵素（澳大利亚澳洲普乐腾公司生产，含有多种消化酶，添加量 0.5‰），饲喂 35~40 日龄力克斯断乳兔，发现酶制剂对花生秧、红薯秧和玉米秸复合粗饲料日粮的消化率和生产性能都有提高。

3. 鹅

鹅是主要采食青饲料的大型水禽，具有利用一定量纤维素的能力。将花生秸添加到鹅日粮中，可降低鹅的养殖成本，提高经济效益。饲粮中添加较高（26.8%）的花生秧，可促进五龙鹅十二指肠发育。在饲粮能量和蛋白水平相同的条件下，2~4 周龄、5~8 周龄花生秧粉的适宜用量分别为 3.5% 和 23.5%。杨家晃等用约 20% 的稻草粉、玉米秆粉和花生秧粉构成日粮饲喂合浦狮头鹅，取得良好的效果。

（二）花生壳

花生壳廉价易得，含有丰富的粗蛋白、粗纤维及禽畜生长必需的矿物质元素，用来做禽畜饲料可以满足动物的饱腹感，降低饲料成本。但同时花生壳的粗纤维含量也远高于一般的粗饲料，木质化程度高，钙磷比不平衡 [（5~6）：1]，单独作为饲料不能满足动物的营养需求，必须经加工处理后再科学搭配其他饲料原料，以提高其利用价值。

1. 牛羊

成年牛羊可以直接饲喂不加粉碎的花生壳，在日粮中用量可添加到20%，但过量饲喂，不仅消化率下降，还可能引起瘤胃胀气等情况。一些研究者采用将花生壳配米糠、麸皮等制成混合颗粒饲料的方法，制成的饲料可直接用于禽畜。利用该饲料饲喂牛羊，能有效地提高出肉率和肉质，还可大大缩短育肥时间，显著提高经济效益。高腾云等用35%的花生壳，配合麦秸、棉籽饼、玉米粉、豆粕、玉米淀粉渣以及食盐和添加剂所组成的日粮，CP含量高，Ca、P比例适宜，能够满足肉牛的营养；DM，CP和CF的消化率分别为44.60%，61.88%和30.41%。以此日粮饲喂肉牛，在2个月的育肥期内，日增重可以达到1.3kg左右。熊晨等试验表明，与常规饲料原料TMR饲喂相比，利用蚕豆壳、木薯渣、花生壳等非常规饲料原料可降低饲养成本，经济效益提高了9%。与当地羊场饲喂配方相比，饲料成本降化12.3%，经济效益提高11.2%，相较于当地羊场饲喂配方有了一定的优化。

2. 兔

花生壳的适口性好，杨桂芹等发现采食花生壳的试验兔日采食量较对照组更高，排粪量也更大。不过，花生壳的粗纤维含量为68.4%，是不宜直接作为兔饲料的。可采用发酵花生壳加入到日粮中去，但添加量不宜超过20%，否则影响饲养效果。同时要补充能量和蛋白质饲料以及矿物质及微量元素，适当补充青饲料。使用花生壳喂兔时要注意避免发霉变质，否则极易引起仔兔生长不良、母兔流产等情况发生。

第二节　油菜作物副产物的饲料化利用

☞ 一、概况 ☜

油菜属于十字花科芸薹属植物，是我国五大油料作物（油菜、大豆、花生、向日葵和芝麻）之首，油菜花可赏，油菜籽是重要的食用原料和蛋白质原料，油菜秸秆可作为一种重要的可再生副产物进行利用。油菜是我国的主要农作物之一，其种植面积占全国油料作物总面积的40%以上，不论是青藏高原还是长江中下游平原均有种植。2006年全世界的油菜种植面积约为2 735万hm^2，总产量约为4 855万t，在数量上是最为重要的食用油料作物，我国2006年油菜种植面积约为693万hm^2，占世界油菜种植面积的25.3%。我国油菜种植主要分布在长江中下游平原，每年种植面积约670万亩，油菜生产的谷草比约为 1.5~1.7（王汉中，2007），年产油菜秸约 2 000 万 t，属于一种大宗的农业副产物资源。然而，随着全球平均气温升高，冬油菜潜在种植面积显著增加，传统的油菜生产格局发生改变，体现出明显的"东减、北移、西扩"特征；由于降水分布不均、极端气候事件频繁，油菜单产增加趋势减缓（张树杰等，2012）。但以菜籽油为原料的生物柴油技术发展迅速，油菜的种植面积还将大幅度增加，油菜秸秆的处置和资源化利用问题将更加迫切。目前，油菜秸秆的各种处置和利用技术在成熟性和经济性方面尚有差距，结果仍大多露天焚烧和自然降解，由此形成的资源浪费和环境污染问题已经相当严重，必须尽快研发大规模、工业化和经济合理的油菜秸秆资源化技术。

饲用油菜又称双低油菜（低芥酸和低硫代葡萄糖甙），是在传统油菜的基础上培育而成的油饲兼用品种，有易种植、产量高、生长快、饲喂效果好且较易推广的特点，像"华协""饲油"和"浙油"等优质品种的选育为双低油菜的利用奠定了坚实基础，在饲料作物中属于优质青粗饲料资源（董小英等，2014）。

☞ 二、营养价值 ☜

油菜秸秆是一种蛋白质含量较高的秸秆，黎力之等（2014）分别从江西、湖北 2 省 5 个地区采集 7 个油菜秸秆样品，测定其营养成分。结果表明，油菜秸秆的总能为 16 626±372.80 J/g、干物质含量为 87.21%±1.16%，粗蛋白、粗脂肪、中性洗涤纤维、酸性洗涤纤维、粗灰分、钙和磷的含量分别为：5.63%±1.54%、3.48%±1.92%、58.70%±8.92%、51.08%±10.36%、5.25%±1.79%、0.83%±0.22% 和 0.06±0.03%。

油菜秸秆具有很高的营养成分，较高的饲用价值，是一种具有开发潜力的粗饲料资源（表 3-11）（乌兰等，2007）。

表 3-11　油菜及其他秸秆的化学成分　　　　（单位:%）

名称	粗脂肪	粗灰分	粗纤维	水分	灰分	钙	磷
油菜秸	1.03	4.52	48.08	5.89	4.76	1.05	0.05
小麦秸	1.28	3.06	40.20	5.25	0.20	0.1	—
玉米秸	1.03	3.70	31.42	5.54	0.35	0.08	6.52
豆秸	2.70	1.11	51.70	3.16	0.53	0.03	6.65

传统的油菜中含有较高的芥酸和硫代葡萄糖甙，动物采食量过大会导致甲

状腺肿大、新陈代谢紊乱，甚至引起死亡的情况发生，因而不能多食，需与其他粗饲料配合饲喂。我国于 20 世纪 70 年代后期开展双低油菜育种的工作，通过多年努力在育种方面取得了突破性进展，"华协""饲油"和"浙油"等优质品种的选育为双低油菜的利用奠定了坚实基础。在抽薹到结荚期间收获的饲料油菜中粗蛋白的含量可达 25%以上，在饲料作物中属于优质青粗饲料资源（王洪超等，2016）。表 3-12 列出了饲料油菜与其他几种优质牧草的营养成分的对比。

表 3-12　饲料油菜与其他几种优质牧草的营养成分（茎叶干物质）（单位:%）

饲料品种	粗蛋白	粗脂肪	粗纤维	无氮浸出物	粗灰分	钙	磷
饲油 I 号	23.46	4.03	11.65	43.86	17.00	1.79	0.46
一流牧草	13.04	1.49	13.66	60.23	11.56	0.27	0.19
绿地牧草	16.79	3.02	13.33	53.21	13.65	0.39	0.10
青贮玉米	6.04	2.10	33.00	50.30	8.20	0.27	0.25
华协 II 号	20.44	2.62	15.93	47.10	13.29	2.11	0.30
草木樨	19.52	2.63	17.08	49.19	11.58	1.88	0.29
箭舌豌豆	21.97	1.25	23.77	37.89	15.12	1.53	0.32
毛苕子	24.74	2.38	19.69	39.87	13.32	1.43	0.35
华协 I 号	21.68	2.39	15.93	48.20	11.80	2.43	0.19
玉米秸秆	6.43	1.09	35.18	45.26	12.04	0.78	0.15

黄帅等（2016）通过康奈尔净碳水化合物和蛋白质体系（Cornell net carbohydrate and protein system，CNCPS）评定了安徽及周边地区油菜秸秆的营养价值（DM：91.29；CP（%DM）：322；EE（%DM）：0.6；SCP（%DM）：14.73；ASH（%DM）：5.88；NDF（%DM）：75.17；ADF（%DM）：60.83；SCP（%CP）：14.73；NPN（%SCP）：88.55；NDIP（%CP）：30.18；ADIP（%CP）：19.41；ADL（%NDF）：23.16，Starch（%NSC）：62.46）。

孟春花等（2016）测得 15%氨化 21 天的油菜秸秆的 DM、CP、ADF、NDF 48h 山羊瘤胃降解率分别为：31.10%、65.18%、21.58%和 25.94%，显著高于未氨化处理的对照组。油菜秸秆与皇竹草混合并添加乳酸粪肠球菌复合菌 150mg/kg 混合微贮，其 DM、CP、ADF、NDF 48h 锦江黄牛瘤胃降解率分别为 34.51%、81.99%、38.58%和 36.6%；用全收粪法测得锦江黄牛对 CP 的消化率可达 91.7%（王福春等，2015a，b）。

从营养成分组成看饲用油菜属于高蛋白、高纤维型饲草，其粗蛋白含量接近豆科饲草，与传统复种的豆科饲草相比，具有较高的无氮浸出物和钙含量，是一种优质的饲草来源。大量试验表明，饲用油菜不同生长发育时期的营养价值也有不同，苗期的粗蛋白和粗脂肪含量高于开花期和结荚期，粗纤维在结荚期达到最高，考虑到产量和营养价值等因素，建议在抽薹期至开花期刈割鲜草饲喂家畜（王亚犁，2005a）。饲料油菜秸秆经测定其营养可完全满足草食动物的饲草营养标准。

☞ 三、加工利用技术 ☜

对油菜秸秆进一步深加工的方法有：秸秆青贮、微贮、秸秆氨化、秸秆压块、秸秆与其他饲料混配成新饲料等。通过深加工的油菜秸秆，不但可以提高饲料的营养价值，同时使其利用率、转化率、消化率和吸收率得到较大程度提高，从而使得饲料报酬率、产奶量和牲畜增重效果都有较大幅度的提高，充分体现油菜秸秆的利用价值，可用作牛羊等家畜的冬季饲料。双低饲料油菜亩产草量高，生产周期短，鲜嫩多汁，营养全面且丰富；既可鲜用，也可青贮。

1. 混合青贮

油菜秸秆与皇竹草混合比例为 3∶7，添加乳酸粪肠球菌复合菌 150mg/kg 混合微贮，在锦江黄牛瘤胃中的降解率最好，可以极显著提高锦江黄牛对 GE、DM、OM、CP、NDF 和 ADF 的表观消化率（王福春等，2015a，b）。青贮后不仅能较好地保持其营养特性，减少养分损失，降低抗营养素含量，而且柔软多汁，气味酸香，适口性好，能刺激家畜消化液的分泌和胃肠道蠕动，从而增强消化功能，提高饲草料的利用率与动物生产性能。饲料油菜不仅营养丰富，家畜采食后还可提高其他营养物质的转化率和粗纤维的消化率，是家畜青饲料饲喂的不错选择（王洪超等，2016）。王亚犁（2015b）等在麦收后复种饲用油菜，待玉米成熟后，饲用油菜也到收货季节，将 1/4 饲用油菜与枯黄玉米复合青贮，添加 0.3%的尿素以提高青贮饲料的蛋白质含量。与饲喂普通秸秆相比，油菜与枯黄玉米的复合青贮料饲喂滩羊 30 日后，日增重多增加 0.35kg，精、粗饲料的利用率分别比对照组高 18.89%和 9.21%。郭丛阳等（2008）制定了双低油菜与玉米秸秆混合青贮的操作规程。

2. 氨化

韩增祥等（1996）在密闭的塑料袋中采用尿素氨化油菜秸秆碎段，密闭处理 35 天可使其气味香、手感柔软、微观结构疏松且营养成分明显改善，为油菜秸秆的饲料利用创造了条件。孟春花等（2016）用碳酸氢铵对油菜秸秆进行氨化，油菜秸秆的感观特性也得到明显改善，其 DM、CP 和 ADF 在山羊瘤胃中的降解率也得到提高。黄瑞鹏等（2013）发现氨化油菜秸秆中添加 30%水和 3.5%氨较好；在咸宁黄牛中的添加量不宜超过 20%。

3. 生物发酵

生物发酵的方法具有环保无污染、成本低、使用条件温和等特点，在快速有效降解木质纤维素类物质方面有巨大潜力。郭豪等（2015）从土壤、腐烂的木桩和成品肥料中筛选出一组高效降解油菜秸秆纤维素的复合菌剂，该菌剂的组成为地衣芽孢杆菌 B4、链霉菌 A8、米根霉 M3 和木霉 X1。采用此复合菌剂以油菜秸秆粉为降解原料进行 14 天的发酵，纤维素降解率为 33.10%，半纤维素降解率为 23.70%，相比于不加菌剂的对照组，自制菌剂的纤维素、半纤维素降解率分别提高了 24.0%和 15.60%。白腐真菌是目前已知降解木质素中效果最为显著的一类微生物，可分泌多种木质素降解酶类，包括木质素过氧化物酶（Lip）、漆酶（Lac）等，同时可以分泌纤维素酶和半纤维素酶。朱洪龙等（2007）采用自行筛选的二株白腐真菌对作物秸秆进行接种，针对不同的基质配方和培养工艺，进行油菜秸秆降解饲料生产试验。结果表明，纤维素、半纤维素的降解效果较好，可明显提高饲料的蛋白质含量，但木质素的降解效果不理想，再加上白腐真菌的发酵降解时间较长，这就限制了其在工业生产及生活中的应用。徐砚珂等（2001）以小麦、玉米和油菜秸秆为基料，利用鸟巢菌进行真菌蛋白及氨基酸的转化实验。结果表明，在适量氮源条件下鸟巢菌可以明显改善秸秆的营养性和可饲用性，使秸秆的应用价值明显提高。马广英等（2014）将油菜秸秆中添加 EM 百益宝菌剂进行黄贮 35 天，其营养成分及有机物降解率变化不显著。龚剑明等（2015）发现：黄孢原毛平革菌（*P. chrysosporium*）、香菇菌（*L. edodes*）发酵油菜秸秆能够降解纤维物质，改善体外发酵有机物降解率（IVOMD）。

这方面的研究表明，油菜秸秆作为饲料利用具有较大的动物营养价值和经济价值，但由于油菜秸秆化学成分、物理性状和动物适口性方面的局限性，以及油菜秸秆各部分的性质差异很大，并非能够简单、全部、直接地利用，而氨化、发酵等改性技术是这方面的发展方向，但其可行性、安全性和经济性可能还需要进一步研究。

☞ 四、动物饲养技术与效果 ☜

1. 饲喂牛的效果

油菜复合青贮育肥秦川牛结果表明，油菜与枯黄玉米秸秆复合青贮品质最好；饲用油菜现蕾期至初花期收割后与玉米秸秆混合青贮饲喂奶牛能有效提高牛奶产量和牛奶质量。

贾浩波等（2002）将饲料油菜现蕾期至初花期收割后与玉米秸秆混合青贮饲喂奶牛能有效提高牛奶产量和牛奶质量。王亚犁（2015）在麦收后复种饲用油菜，待玉米成熟后，饲用油菜也到了收获时期，将饲用油菜与枯黄玉米秸秆按 1∶4 的比例复合青贮饲喂牛，发现对育肥秦川牛具有良好的生产效果。在比较不同饲料油菜品种生态适应性及牦牛日采食总量的研究中发现饲油Ⅰ号、华协Ⅱ号均可在甘孜州半农牧区正常生长，鲜草产量分别可达 34 296.16 kg/hm^2 和 30 573.75kg/hm^2；此外，牦牛对饲料油菜的采食速度与日采食总量均显著高于对照品种。从而得出，饲油Ⅰ号、华协Ⅱ号可作为麦后复种饲用油菜品种在甘孜州生态条件下推广种植，并能取得较好的牦牛饲养效果。朱洪龙等（2008）将油菜菌糠作为饲料部分替代奶牛日粮进行饲喂，试验结果表明，替代首楷干草饲喂泌乳牛对奶牛生产性能乳品质和血清生化指标无不良影响，能明显降低奶牛饲养成本，提高奶牛养殖经济效益。

2. 饲喂羊的效果

羊对饲用油菜采食率很高，喜欢采食饲用油菜，并且大量食入也不会引起腹泻腹胀等不良反应，进一步试验结果表明，混合青贮中油菜占 50% 饲喂羊的增重效果比油菜占 20% 的增重效果好；张俊英等（2006）利用油菜与枯黄玉米秸秆复合青贮饲喂山羊，结果表明，每只羊总增重 2.22kg 比单独饲喂玉米秸秆多 0.35kg，每只羊平均日增 74.15kg，比单独饲喂玉米秸秆多 11.97kg，混合青贮饲喂山羊的精粗饲料利用率都明显高于普通秸秆饲喂的山羊。

无论是利用鲜油菜喂羊还是经过氨化等处理的油菜秸秆，其喂量应控制在羊全日粮比例的 20% 左右为宜，不宜多喂，更不宜单独喂（柴君秀等，2011；乔永浩，2015）。原因是饲用油菜鲜喂水分大、干物质、营养物质含量少，喂羊时若饲喂量过大或占日粮比例过高，会导致羊只生长增重所需营养物质摄入不足进而影响羊只的正常生长和增重。用鲜油菜饲喂羔羊和育成羊时，要特别注意与其他饲料合理搭配，科学利用为好。另外，鲜油菜作为青绿饲料饲喂牛，羊最好与其他作物秸秆混合青贮作为反刍动物牛羊的冬季饲料，是一条新的解决冬季饲料不足的有效途径。

3. 饲喂兔的效果

在日粮中添加 5% 或 10% 的饲料油菜，新西兰肉兔日增重显著提高，还可改善肉兔休长、胃重、盲肠重、全净膛率及肉骨比等指标。尤其是日粮中添加 10% 的油菜时，新西兰肉兔的日增重能能显著提高 12.75%，料肉比降低

11.27%，肉兔的盲肠重的到增加。肉兔的盲肠发达，可促进部分劣质粗饲料资源的消化利用，以有利于肉兔的生长发育，这可能也是 10%油菜组日增重与全净膛率最高的原因之一（董小英，2015）。

　　4. 其他家养动物的饲喂效果

　　油菜秸秆饲喂家畜的实验多在牛羊等反刍动物上开展，在家禽和猪上的研究较少。阿依古丽·达嘎尔别克等（2016）将油菜秸秆与混播草按不同比例替换调制混合日粮进行生长马饲喂试验，结果表明，随着油菜秸秆添加比例的增加，各组干物质采食量、日粮干物质采食率显著降低（$P<0.05$）；干物质消化率、蛋白质消化率和酸性洗涤纤维消化率降低，各组之间无显著差异（$P>0.05$）；马的日增重降低（$P<0.05$）；各组马血小板数目和血液中铁含量显著减少，白细胞数增加（$P<0.05$），其他血液指标各处理间无显著差异（$P>0.05$）。因此，油菜秸秆长期饲喂对马健康的影响需要进一步研究探索。

第三节　大豆副产物的饲料化利用

　　作为是我国的主要作物农产品之一，大豆在我国有着悠久的种植历史，分布广，面积大，品种多。全国产区有 24 个，大豆品种几千个，每年的大豆产量约 1 500万 t。20 世纪 70 年代前，我国大豆种植面积一直居于世界第一位。70 年代后，美国、巴西、阿根廷等国家迅速发展起来，至 1997 年我国大豆种植面积已退至世界第四位。1999—2000 年，我国大豆产量 1 500万 t，占世界总产量的9.5%。但近 15 年来，我国大豆的进口依存度逐年攀升，尤其近 6 年以来，中国大豆对外依存度均超过 80%，2014 年对外依存度在 86%左右。据国家粮油信息中心预计，2016 年中国大豆产量将会减少到 1 100万 t，低于2015 年的 1 215万 t。国产大豆产量 2004 年达到历史最高的 1 740万 t 后，开始进入下滑通道，尤其 2011 年以来，国产大豆产量更是大幅走低。

　　随着畜牧业的迅速发展，我国粗饲料资源紧张，缺口较大，充分利用大豆秸秆资源补充粗饲料资源对我国畜牧产业的发展具有重要的意义。大豆副产物主要包括大豆秸秆和豆渣。大豆秸秆是指大豆收获后，剩余的植株部分。以往在中国广大地区，多数被晒干作燃料用，但事实上秸秆里的蛋白质含量为10%~12%，质量较好，合理加工利用可以替换为牛羊精饲料，并节约生物能。大豆秸秆饲料来源广、数量大，大豆秸秆含有纤维素、半纤维素及戊聚糖，借助了瘤胃微生物的发酵作用，可被牛羊消化利用。大豆渣（豆渣）是生产豆奶或豆腐过程中的副产品，每年全球豆渣的产量都很大。中国是豆腐生产的发源地，具有悠久的豆腐生产历史，豆腐的生产、销售量都较大，相应的豆渣产量也很大。如果能充分利用大豆等经济作物秸秆饲喂反刍动物，实现种植业与养殖业的有机结合，既可变废为宝，减少因秸秆焚烧带来的环境污染，又可提高反刍动物饲料利用率，最大限度降低养殖成本，提高养殖收益，促进绿色生态农业的良好健康发展。

☞ 一、概况 ☜

1. 大豆秸秆

世界大豆秸秆产量每年约 2.2 亿 t，其廉价、丰富、产量高的特点可以补充其他饲料资源的不足。我国年产大豆约 1 500 万 t 左右，同时年产大豆秸秆 2 500 万 t。大豆秸秆是一种应用价值很高的可再生纤维素资源，但是这种资源长期没有得到合理的开发，约 2/3 秸秆被焚烧掉，造成了资源的浪费和新的大气污染。西欧各国对大豆秸秆的利用情况比较好，大约有 40%的大豆秸秆被用作牛、羊的配合饲料。据联合国粮农组织 90 年代的统计资料表明：美国约有 27%，澳大利亚约有 18%，新西兰约有 21%的肉类是由大豆秸秆为主的秸秆饲料转化而来的。由此可见，我国的大豆秸秆资源还是大有利用潜能的。因此，研究效果好、成本低、适合国情的大豆秸秆处理方法，致力于改善大豆秸秆适口性，提高消化率，增加营养价值，提高酶解能力，充分利用这一资源，发展节粮型畜牧业，是农业产业化的重要内容与发展方向。

2. 大豆豆渣

作为大豆生产的另一主要副产物——豆渣，是加工豆腐、豆油、酱油等豆制品的副产物，作为大豆加工业中最大的副产物（约占全豆干重 15%~20%），每年约产 2 000 万 t 湿豆渣。豆腐渣是豆腐生产过程中的副产品。中国是豆腐生产的发源地，豆腐的生产、销售量都比较大，相应的豆腐渣产量也很大。而豆浆的副产品中粗蛋白和粗脂肪含量很高，粗蛋白含量约 25%~30%。长期以来，豆渣在所有的农业废弃物中是一种重要的资源，由于豆渣所含热能低，口感粗糙，过去一直没有引起人们的足够重视，此外因其水分含量大，易腐败变质，且运输不便，没有得到很好的开发利用，不仅经济效益低，浪费了资源，而且造成了严重的环境污染。豆渣同大豆本身一样营养价值很高，在豆渣干物质中，仍含有蛋白质、脂肪、膳食纤维，此外还含有矿物质和维生素等营养物质。

☞ 二、营养价值 ☜

1. 大豆秸秆

大豆秸以往在中国广大地区，多数被晒干作燃料用，但事实上秸秆里蛋白质含量为 10%～12%，质量较好，如合理加工利用可以节约牛羊饲料，并节约生物能。大豆秸秆的有机成分主要有纤维素、半纤维素及木质素等，其中纤维素含量为 24.99%。豆秸粗蛋白含量约 8%，大大高于禾本科秸秆，但粗纤维含量高（尤其是木质素），据测定为 47% 左右，质地坚硬，是饲用价值较低的秸秆。目前，由于牧草资源比较紧张，大豆秸秆作为反刍动物的饲料所占的比例越来越高，豆秸草粉已成为南方农区规模化羊场最主要的粗饲料来源之一。大豆从鼓粒初期开始，秸秆中的粗纤维含量呈现上升趋势，而粗蛋白含量呈下降趋势（程颖颖等，2008）。因此，大豆秸秆由于粗纤维较高，粗蛋白较低，使其饲料利用率较低。大豆秸秆中含有丰富的纤维素、半纤维素、木质素，如果经过预处理，纤维素、半纤维素、木质素间的紧密结构被破坏，在酶的作用下可使纤维素、半纤维素水解为可溶性糖。因此，大豆秸秆经过氨化、微生物等处理后能够提高其营养价值。

范华等（2007）在山西省测定了收获当天豆秸的 CP 和 NDF 含量分别为 13.98% 和 61.96%，贮存 60 天后，CP 含量降低为 11.55%，而 NDF 增加至 63.48%；单洪涛等（2007）报道豆秸 CP 和 NDF 含量分别为 5.3% 和 78.6%。北方地区豆秸收获较晚，豆秸粗纤维含量较高。豆秸酸性不溶木质素含量比玉米秸秆高 66.74%，豆秸 DM 有效降解率仅有 17.98%，比玉米秸秆 DM 有效降解率低 43.26%，质地坚硬和较高木质素含量是导致豆秸较低采食量和较低养分瘤胃降解率的主要原因。豆秸经过微生物处理后，采食速度和采食量显著提高，但豆秸干物质瘤胃有效降解率提高的幅度较小，豆秸经过以乳酸菌和酵母菌为主的益生菌处理后，产生一些有机酸等可溶性物质，表现为秸秆中快速降解部分增加，同时改善了适口性，因此提高了采食速度和采食量，但微生物处理对秸秆细胞壁结构破坏程度很小，因此对秸秆养分的瘤胃降解率提高幅度很小。豆秸经过氨化后，自由食量提高 22.7%，干物质瘤胃有效降解率提高 32.09%，但仍显著低于未处理玉米秸秆。氨化稻草 NDF 和 ADF 有效降解率分别提高 50.65% 和 46.36%，而尿素氨化玉米秸秆的 DM 和 NDF 瘤胃降解率分别提高 45.00% 和 49.08%（贺永慧等，2003），氨化豆秸瘤胃有效降解率提高的幅度低于稻草和玉米秸秆。

2. 大豆豆渣

大豆豆渣有十分丰富的营养价值，100g 豆渣干样中含有粗蛋白 13～20g、粗脂肪 6~19g、碳水化合物及粗纤维 60~70g、灰分 3~5g、水分 2~4g、可溶性膳食纤维 5~8g；100g 豆渣干样中矿物质含量：锌 2.263mg、锰 1.511mg、铁 10.690mg、铜 1.148mg、钙 210mg、镁 39mg、钾 200mg、磷 380mg、VB_1 0.272mg、VB_2 0.976mg；100g 豆渣蛋白中氨基酸含量：赖氨酸 4.6mg、苏氨酸 5.2mg、缬氨酸 5.4mg、亮氨酸 8.6mg、异亮氨酸 4.2mg、甲硫氨酸 1.2mg、色氨酸 1.18mg、苯丙氨酸 5.7mg、精氨酸 7.1mg、组氨酸 3.3mg（张延坤，1994）；粗纤维以及碳水化合物为豆渣干物质重量一半以上，可溶性膳食纤维含量也较高，而大豆纤维是很理想的膳食纤维，可以有效地预防肠癌以及有减肥效果，所以在工业上对膳食纤维的提取以及利用的研究颇为深入。豆渣中钙、镁、磷以及维生素 B_2 的含量尤其突出，豆渣蛋白中氨基酸含量也相当丰富，特别是赖氨酸含量较多，可以弥补谷类食品中赖氨酸的不足，起到氨基酸互补作用，提高蛋白质的利用率和营养价值。通常，新鲜豆渣可直接用作饲料，但相对利用价值较低，其直接饲喂时易引起副作用，如营养不良、拉稀、中毒死亡等，因此饲喂豆腐渣要控制好用量，喂前最好加热煮熟，以增强适口性，提高蛋白质的吸收利用率。鲜豆腐渣可占饲料总量的 20%~25%，干豆腐渣在 10% 以下，可根据日增重、料肉比以及经济效益来确定比例。而且在炎热的夏季豆渣又易酸败变质。因此，可采用微生物发酵法将粗豆渣进行饲料精加工。豆渣发酵后，其蛋白质含量增至 30% 以上，即成为优质蛋白饲料资源，可部分代替鱼粉使用，从而提高了豆渣的饲用价值，缓解了蛋白饲料资源短缺的状况，也提高了经济效益。

☞ 三、加工利用技术 ☜

1. 大豆秸秆

大豆秸秆经青贮等调制后，可增加适口性、提高消化率和营养价值，饲喂草食动物或作为配制全价饲料的基础日粮，对草食家畜的饲养和增重、提高饲料报酬和经济效益有良好的作用。

（1）氨化　氨处理条件比较温和且试剂易于回收循环利用，对纤维素及半纤维素破坏较小，不会产生对后续发酵不利的副产物，粉碎结合氨处理对大豆秸秆酶水解影响较大，较适宜的预处理条件为大豆秸秆粉碎至 140 目，10% 氨水处理 24h。经过预处理后大豆秸秆纤维素含量提高 70.27%，半纤维素含量下降 41.45%，木质素含量下降 30.16%，有利于大豆秸秆酶解产糖。纤维素、半纤维素及木质素共存于植物纤维原料中，形成复杂的结构，而阻碍纤维素酶对纤维素的作用；通过对大豆秸秆进行预处理，提高纤维素含量，改变秸秆的表面结构，有利于纤维素的降解和转化。氨水预处理对大豆秸秆的化学成分及结构有一定的影响，使物料纤维素含量提高，结晶成分减小，纤维素与物料接触面积增加，有利于大豆秸秆的酶解产糖；粉碎结合氨处理对大豆秸秆酶解产糖影响较大，较适宜的预处理条件是大豆秸秆粉碎至 140 目，室温下10%氨水处理 24 小时（徐忠等，2004）。氨态氮是饲料在青贮过程中蛋白质和氨基酸降解而产生的，其含量的高低是衡量青贮质量好坏的指标之一，氨态氮/总氮的值越大，说明蛋白质和氨基酸的分解越多。顾拥建（2016）研究表明：添加少量尿素来氨化处理大豆秸秆，有利于乳酸菌发酵，提高发酵品质。而随着尿素剂量的升高，氨态氮含量升高，可能是促进了有害微生物的繁殖，导致秸秆的营养物质被其分解，降低发酵品质。卢焕玉和李杰（2010）研究发现，豆秸经过氨化后，中性洗涤纤维（NDF）和酸性洗涤纤维（ADF）含量显著降低，动物的采食量和干物质瘤胃有效降解率均有所提高。

（2）混贮 大豆从鼓粒初期开始，秸秆中的粗纤维含量呈不断上升趋势，而粗蛋白质含量呈逐渐下降趋（程颖颖等，2008）。罗燕等（2015）研究发现，将大豆秸秆和多花黑麦草进行混贮，能够提高干物质含量，降低青贮料的粗蛋白质和可溶性碳水化合物的损失率以及氨态氮/总氮的比值，提高 ADF 和NDF 降解率。闫艳红等（2014）研究结果表明，多花黑麦草和大豆秸秆以7∶3的比例混合青贮能够提高发酵品质。顾拥建等（2016）研究发现豆秸∶玉米秸以 5∶5 混贮能够改善其发酵品质和营养成分含量。上述结果充分说明，大豆秸秆作为豆科植物，将其与禾本科植物进行混贮对其营养物质改善具有促进作用，可提高其饲用价值。

（3）微贮 徐建雄等以鲜食大豆秸秆为原料，采用固体厌氧发酵法，通过感官评定、营养成分分析、微生物含量和抗营养因子含量来评价发酵饲料的好坏。复合益生菌对饲料有明显的酸化作用，能使 pH 值明显降低。随着发酵时间的延长，微生物发酵厌氧程度逐渐加强，使环境更加有利于乳酸菌的增殖，从而产生大量乳酸，随着乳酸的升高，饲料 pH 值降低，继续发酵，乳酸菌成为优势种群，从而抑制其他微生物的生长。复合益生菌发酵能显著提高鲜食大豆秸秆饲料品质，并且发酵过程中干物质、粗蛋白和粗脂肪等营养物质几乎没有损失。复合益生菌发酵能降低鲜食大豆秸秆饲料中粗纤维（酸性洗涤纤维和中性洗涤纤维）含量，同时提高粗灰分、钙和磷含量，复合益生菌发酵能提高鲜食大豆秸秆饲料乳酸菌和乳酸含量，同时降低 pH 值，胰蛋白酶抑制因子含量和脲酶活性。因此，底物含水量35%、菌液接种量5%、发酵温度30℃、糖蜜添加量3%、发酵时间 30 天是鲜食大豆秸秆饲料最优发酵工艺。

2. 豆渣

豆渣直接用作饲料，其利用价值较低，资源浪费较大，且在炎热的夏季豆渣又易酸败变质。因此，可采用微生物发酵法将粗豆渣进行饲料精加工。豆渣发酵后，其蛋白质含量增至 30% 以上，即成为优质蛋白饲料资源。可部分代替鱼粉使用，从而提高了豆渣的饲用价值，缓解了蛋白饲料资源短缺的状况，也提高了经济效益。但是，直接用作饲料的豆渣有很多成分不能被畜禽充分利用吸收，还会造成环境污染。因此需要对豆渣进行饲料精加工，利用微生物发酵的方法制备豆渣饲料。发酵活性豆渣饲料，是以豆渣和少量麦麸为原料，经腐乳生产用菌在适宜条件下进行发酵。发酵过程中，由于产生了大量的蛋白酶，可促进动物胃肠对有机物消化吸收。经蛋鸡饲养试验研究表明，豆渣发酵饲料可以完全代替鱼粉，不仅解决了鱼粉短缺的问题，而且与鱼粉相比还具有浓郁的香味和增加畜禽适口性的优点，提高了饲料利用率，增加了豆渣的营养价值，可被广泛用作各种饲料的蛋白源，利于畜禽充分消化吸收。Yang（2005）研究了用豆浆渣与花生壳混合，采用混合的瘤胃微生物进行发酵青贮饲料，发现当青贮饲料中豆浆渣和花生壳的鲜重比例为 78：22 时，能有效减少纤维和木质素的含量，提高发酵速率并加快体外瘤胃发酵模式。莫重文（2007）采用在豆渣中生长良好，对纤维素和半纤维素降解率强的酱油酿造米曲霉、黑曲霉和廉价的啤酒酵母为菌种，来提高发酵料的蛋白质含量和可消化性，进行了固态混合菌的发酵研究，结果发现发酵豆渣产品中蛋白质含量可达 29.76%，粗蛋白质含量比原来增加 43.07%。

☞ 四、动物饲养技术与效果 ☜

1. 大豆秸秆

由于大豆秸秆粗纤维含量高、粗蛋白含量偏低、质地坚硬，我国很多地区只用作燃料，用于饲料的研究较少。Sanjiv 等（1995）研究表明，大豆秸秆作为粗饲料资源可以满足小母牛的营养需要。刘洁等（2009）研究表明，用大豆秸秆单独饲喂绵羊增重效果不显著，将大豆秸秆和青干草同时饲喂效果好于单独饲喂青干草。包布和等（2011）研究表明，大豆秸秆占粗饲料比例为 30% 和 50% 时干物质采食量高于替代比例为 70%。说明大豆秸秆虽然木质化程度高，但作为反刍动物的粗饲料来源，具有一定的可利用价值。孙国强等（2001）研究发现，大豆秸秆菌糠替代 50% 的粗饲料可以提高鲁西牛的生产性能。谢明等（2008）研究发现，在獭兔的日粮中添加 20% 大豆秸粉可提高经济效益。包布和等（2011）研究发现，大豆秸秆揉搓粒度 1~3cm 提高了辽宁绒山羊公羊氮表观消化率和氮的总利用率。说明经过处理的大豆秸秆可以作为一种很好的粗饲料来源。Naser 等（2011）采用尼龙袋技术测定大豆秸秆的化学组成和瘤胃降解率，结果发现，未处理的大豆秸秆可以以较低水平添加在日粮中使用。Adan-gale 等（2009）研究表明，用 50% 大豆秸秆替代稻草增重效果较好。如果将大豆秸秆进行处理，如粉碎、揉碎、氨化、微化等，可能会提高其饲喂效果另一方面，不同保存时间、保存方法及干燥方法等都会导致大豆秸秆的营养物质含量发生变化。由于大豆秸秆的替代比例过高，导致粗纤维含量过高，适口性差，进而影响奶公牛的日增重，使日增重降低，因此，应降低大豆秸秆的替代比例。

大豆秸秆中富含大豆异黄酮类植物雌激素，能促进雄性动物生长，改善瘤胃代谢水平和肉品质。饲喂大豆秸秆虽对雄性断奶湖羊采食量无明显影响，但能通过改变其瘤胃微生物发酵类型，促进瘤胃微生物对含氮化合物及碳水化合物的吸收与利用，进而使雄性湖羊体重增加。其作用机理可能与其中富含的大豆异黄酮类物质有关。相对本地非首蓿类杂草而言，饲喂大豆秸秆能促进湖羊肌肉生长，提高屠宰性能，通过降低湖羊肌肉组织剪切力、pH 值和肌纤维直径、促进肌肉组织中养分的沉积、肌肉中饱和脂肪酸的分解代谢和不饱和脂肪酸的合成代谢或抑制不饱和脂肪酸的分解以及通过提高湖羊肌肉中 SOD 总活力，降低氧离子对组织的损伤，并抑制脂质的过氧化，进而改善湖羊肌肉品质（曾瑞伟，2011）。大豆黄酮类植物雌激素可显著增加雄性动物的日增重及饲料利用率，提高血清睾酮、内啡肽、生长激素、胰岛素生长因子-I、三碘甲腺原氨酸、甲状腺素和胰岛素水平，使血清中尿素氮和胆固醇降低，从而促进肌肉蛋白质沉积，加速动物生长。

2. 豆渣

豆渣营养丰富，但豆渣含有 3 种抗营养因子：即胰蛋白酶抑制素、致甲状腺肿素、凝血素三种抗营养因子，其中胰蛋白酶抑制因子能阻碍动物体内胰蛋白酶对豆类蛋白质的消化吸收，造成腹泻，影响生长。为避免这些副作用，可发酵后再饲喂。豆渣发酵过程中应当注意：不能用已经霉烂变质或有异臭味的原料作发酵原材料。如发酵后的物料因保存不当，导致霉烂或有异味，也不能用来饲喂动物；堆放、装池时应密封，但不能压紧；从容器或袋中取料饲喂时，应立即密封容器，不能暴露太久，以免造成污染腐败变质；阴凉干燥处存放。发酵后的物料，如果要长期保存，则要密封严格，并压紧压实处理，尽量排出包装袋中的空气，这样不仅可以长期保存，而且在保存的过程中，降解还要进行，时间较长后，消化吸收率更好，营养更佳，也可晒干放入缸中保存。

第四节　棕榈副产物的饲料化利用

☞ **一、概况** ☜

　　油棕（*Elaeis guineensis* Jacq.）属棕榈科（Palmae）多年生乔木，是热带地区重要的木本油料作物之一，也是世界上生产效率最高的产油植物，其亩产油量是花生的7~8倍，是大豆的9~10倍，所以被人们誉为"世界油王"。油棕用途广泛，经济价值高，其主要产品是从油棕果肉压榨出的棕榈油和从果仁压榨出的棕榈仁油，在食品、化工及生物能源等方面具有广泛的应用。我国经历了一个油棕种植大发展时期。在20世纪60年代中期至70年代末，油棕产业发展比较缓慢。在80年代，海南油棕植区通过选用良种，扩大新植，集约经营，油棕生产又开始了新的发展。1983年、1984年和1985年我国油棕种植面积分别为2 460万、2 667万和3 467万 hm²。但是由于品种的适应性差、配套的栽培和加工技术跟不上，到1990年对海南油棕种植资源考察时，其种植面积只有3 000hm²，以后种植面积逐步缩小。目前仅在海南省西部、南部以及云南省西双版纳有零星分布和小块种植。据统计，我国油棕种植面积仅为270hm²，产量3 551t左右。油棕种植主要用于棕榈油的生产，其副产物主要为棕榈仁粕，该副产物是在棕榈油生产中，压榨棕榈仁时，除去棕仁油的剩余物，初呈黑色泥块状，经去除杂质和控制水分加工处理后呈褐色小颗粒状。

☞ **二、营养价值** ☜

　　棕榈仁粕为黄褐色，粗蛋白质含量较低，而粗脂肪、粗纤维含量较高。棕榈粕营养成分见表3-13。同时，棕榈粕对鹅具有一定的饲料营养价值。采用禁食排空强饲法测定四川白鹅对棕榈粕养分的表观利用率具体参数可见表3-13。

表3-13　棕榈仁粕营养成分与表观利用率（风干物质基础）　（单位:%）

	养分含量	表观利用率		养分含量	表观利用率
干物质	92.29±0.11	—	天门冬氨酸	1.22±0.02	50.89±4.72
粗蛋白质	12.41±0.05	9.34±0.45	苏氨酸	0.48±0.01	55.77±3.59
粗脂肪	16.33±0.01	58.69±0.02	丝氨酸	0.58±0.01	59.29±2.77
总能（MJ/kg）	18.96±4.68	38.24±2.74	谷氨酸	2.55±0.04	62.40±2.88

（续表）

	养分含量	表观利用率		养分含量	表观利用率
总磷	0.49±0.01	11.74±0.63	脯氨酸	0.68±0.01	46.31±2.41
钙	0.60±0.06	−110.86±12.23	甘氨酸	0.68±0.01	72.48±4.51
粗纤维	20.14±0.96	22.90±5.77	丙氨酸	0.75±0.01	66.30±1.82
酸性洗涤纤维	32.82±0.87	29.47±4.28	缬氨酸	0.80±0.01	66.62±1.55
中性洗涤纤维	68.07±0.36	15.00±0.01	亮氨酸	0.51±0.01	70.54±1.27
			异亮氨酸	1.12±0.01	73.56±1.12
			酪氨酸	0.22±0.01	56.33±3.12
			苯丙氨酸	0.79±0.04	24.96±7.63
			组氨酸	0.28±0.01	66.26±3.63
			赖氨酸	0.38±0.01	43.26±3.61
			精氨酸	1.65±0.04	80.15±2.16

☞ **三、加工利用技术** ☜

棕榈仁粕为油棕果实压榨生产棕榈油及棕仁油后的副产物。油棕果实经蒸煮、捣碎、棕仁分离、棕榈仁压榨、过滤棕仁油后残渣经除杂及烘干处理即可得到棕榈仁粕。目前棕榈仁粕粉碎后可直接用于肉鹅饲料的配制。

☞ **四、动物饲养技术与效果** ☜

目前，已经开展了棕榈粕对鹅的饲用技术研究。试验采用单因子完全随机试验设计，通过研究不同添加水平棕榈粕对四川白鹅生产性能、胴体品质、肌肉品质的影响，探讨棕榈粕对鹅的饲用效果及其在鹅饲料中的适宜添加量。试验设 5 个棕榈粕添加水平（0、5%、10%、15%、20%）。同时，依据各处理组各重复初始体重基本一致的原则，试验将 240 只四川 28 日龄四川白鹅随机分为 4 个处理组，每处理组 6 个重复，每重复 8 只，每重复中公母各半。饲养期为 28~70 日龄。

研究结果表明，饲料中添加 5%~20%棕榈粕对 28~70 日龄四川白鹅日增重、采食量、料重比等生产性能未产生显著影响（$P>0.05$）。同时，不同添加水平棕榈粕对 70 日龄四川白鹅胸肌率、腿肌率未产生显著影响（$P>0.05$），但皮脂率和腹脂率随棕榈粕添加水平升高表现出升高的趋势，且当棕榈粕添加水平为 20%时腹脂率显著升高（$P<0.05$）。在肌肉品质方面，饲料中添加

15%棕榈粕显著提高了胸肌重粗脂肪含量和滴水损失（$P<0.05$），但对粗蛋白质含量、色度、pH 值等肉品质指标未产生显著的不利影响。降低了鹅胸肌中粗蛋白和粗脂肪含量（$P<0.05$），但对肉色、剪切力、滴水损失、蒸煮损失均未产生有规律的显著影响（$P>0.05$）。此外，饲粮中添加 20%的棕榈粕可显著降低四川白鹅胸肌中单不饱和脂肪含量和显著提高 n-3，n-6 及多不饱和脂肪酸含量（$P<0.05$），这可能与全脂米糠中较高的必需脂肪酸含量有关。

　　综合本试验各项指标。棕榈粕在 28～70 日龄鹅饲粮中饲用比例可达到 20%。棕榈仁粕对四川白鹅生长性能、屠宰性能、胸肌肌肉品质的影响分别见表 3-14 至表 3-16。

表 3-14　不同添加水平棕榈仁粕对 28～70 日龄四川白鹅生长性能的影响

添加水平（%）	日增重（g/只·天）	采食量（g/只·天）	肉料比
0	42.89±3.06	234±5	0.183±0.014
5	44.77±0.69	230±5	0.195±0.005
10	44.01±2.89	228±5	0.193±0.012
15	43.87±2.22	236±6	0.186±0.011
20	44.65±2.81	234±9	0.191±0.015

表 3-15　不同添加水平棕榈仁粕对 70 日龄四川白鹅屠宰性能的影响（单位:%）

添加水平	全净膛率	皮脂率	胸肌率	腿肌率	腹脂率
0	45.72±3.01[ab]	21.16±3.13[ab]	14.43±1.72	21.71±1.92	2.07±0.86[ab]
5	46.73±2.11[a]	19.61±3.20[a]	13.70±1.55	22.30±1.72	1.68±0.45[a]
10	44.50±1.35[ab]	25.09±5.04[b]	15.00±2.37	21.80±1.52	2.85±1.08[bc]
15	44.71±1.b45[a]	22.27±4.88[ab]	13.88±1.62	21.78±2.66	2.50±0.67[bc]
20	44.01±2.64[b]	23.50±4.72[ab]	13.83±2.55	23.54±1.41	3.16±0.45[c]

注：同一列中肩号上不同字母表示差异显著（$P<0.05$）

表 3-16　不同添加水平棕榈仁粕对 70 日龄四川白鹅胸肌肌肉品质的影响

棕榈粕添加水平	0%	5%	10%	15%	20%
干物质（%）	74.36±1.16	74.16±0.94	73.74±0.74	74.25±0.80	73.81±0.62
粗蛋白（%）	88.88±1.10	88.21±1.51	88.14±1.76	87.29±1.23	88.39±1.07
粗脂肪（%）	4.91±0.47[a]	5.64±0.47[ab]	4.97±0.75[a]	6.49±0.55[c]	6.06±0.46[bc]
亮度（L*）	44.63±2.59	46.46±4.45	44.21±5.24	43.64±2.30	43.61±3.53
红度（a*）	17.11±1.24[a]	16.14±1.20[ab]	15.70±1.01[b]	16.94±0.98[a]	16.63±0.65[ab]
黄度（b*）	5.16±1.69	5.60±1.79	4.51±1.80	5.17±1.12	4.89±1.68

（续表）

棕榈粕添加水平	0%	5%	10%	15%	20%
pH 值	5.65±0.16[a]	5.60±0.11[ab]	5.61±0.20[ab]	5.53±0.13[ab]	5.49±0.14[b]
剪切力（N）	31.49±5.78[ab]	33.94±6.08[b]	33.96±4.65[b]	28.55±4.03[a]	34.39±4.66[b]
滴水损失（%）	1.67±0.29[a]	1.51±0.19[a]	1.62±0.33[a]	2.51±0.86[b]	1.69±0.56[a]
蒸煮损失（%）	38.84±2.51	38.37±2.83	36.98±2.24	36.71±3.94	38.39±3.93
总饱和脂肪酸（%）	39.87±1.96	37.50±1.30	39.72±0.693	38.37±1.39	38.52±2.02
总多不饱和脂肪酸（%）	31.86±3.51[ab]	35.32±1.58[a]	26.92±2.04[cd]	29.43±3.60[bc]	24.11±3.21[d]
总单不饱和脂肪酸（%）	28.27±4.44[ab]	27.18±1.46[a]	33.36±2.41[cd]	32.20±2.90[bc]	37.37±1.20[d]
n-3 不饱和脂肪酸（%）	1.13±0.17[a]	1.17±0.19[a]	1.44±0.17[ab]	1.44±0.21[ab]	1.73±0.35[b]
n-6 不饱和脂肪酸（%）	27.12±4.28[ab]	25.99±1.42[a]	31.87±2.45[cd]	30.74±3.04[bc]	35.62±1.20[d]

注：同一行中肩号上不同字母表示差异显著（$P<0.05$）

参考文献

[1] 阿依古丽·达嘎尔别克，古丽米拉·拜看，古丽努尔·阿曼别克，等. 日粮中添加油菜秸秆对生长马饲喂效果的影响 [J]. 山东农业科学，2016，48（4）：115-118.

[2] 包布和，贾志海，张微，等. 豆秸加工方式和用量对辽宁绒山羊日粮营养物质消化代谢的影响 [J]. 中国畜牧杂志，2011，47（5）：54-57.

[3] 曾瑞伟. 大豆秸秆中异黄酮对湖羊生长代谢及肉品质的影响 [D]. 南京农业大学，2011.

[4] 柴君秀，李颖康，马小明，等. 高产饲料油菜喂羊效果试验 [J]. 畜牧与饲料科学，2011，32（11）：19-20.

[5] 程颖颖，赵晋铭，盖钧镒，等. 大豆秸秆粗纤维含量的测定及摘荚对其饲用品质的影响 [J]. 大豆科学，2008，27（5）：773-776.

[6] 单洪涛，吴跃明，刘建新. 氨化处理对豆秸营养价值的影响 [J]. 中国饲料，2007（8）：37-38.

[7] 董小英，唐胜球. 饲料油菜生物学特性及应用研究进展 [J]. 饲料原料新研究，2014（7）：9-11.

[8] 董小英. 日粮中添加饲料油菜养殖肉兔的效果研究 [J]. 中国饲料，2015，11：12-15.

[9] 范华，裴彩霞，董宽虎. 豆秸营养价值的研究 [J]. 饲料与畜牧科学，2007（6）：28-30.

[10] 范华，裴彩霞，董宽虎. 豆秸营养价值的研究 [J]. 畜牧与饲料科学，2007（6）：28-29，34.

[11] 龚剑明，赵向辉，周珊，等. 不同真菌发酵对油菜秸秆养分含量、酶活性及体外发酵有机物降解率的影响 [J] 动物营养学报，2015，27（7）：2309-2316.

[12] 顾拥建，占今舜，沙文锋，等.不同比例大豆秸和玉米秸混贮的发酵品质及养分含量比较分析［J］.中国饲料，2016（6）：21-24.

[13] 顾拥建，占今舜，沙文锋，等.不同处理方式对大豆秸秆发酵品质和营养成分的影响［J］.江苏农业科学，2016，45（5）：308-310.

[14] 郭丛阳，王天河.私用油菜青贮技术规程［J］.草业科学，2008，25（4）：86-87.

[15] 郭豪，祁金城，石娜娜，等.油菜秸秆纤维素降解菌的筛选及复合菌剂的降解特性［J］.中国畜牧杂志，2005，41（5）：57.

[16] 韩增祥，朱冀宁，张小平.油菜秸秆的氨化处理［J］.饲料研究［J］.1996（5）：21-22.

[17] 贺永惠，王清华，李杰.北方地区复合碱化、快速氨化玉米秸秆对羊瘤胃消化的影响［J］.中国畜牧杂志，2003，39（5）.

[18] 黄瑞鹏.粉碎及氨化油菜秸饲喂咸宁黄牛效果的研究［D］.江西农业大学硕士学位论文，2013.

[19] 黄帅，朱飞，王尚，等.用CNCPS体系评定安徽及其周边地区非常规饲料的营养价值［J］.中国畜牧兽医，2016，43（5）：1385-1391.

[20] 贾浩波，王玉明，敖荣挂，等.优质饲用油菜种植技术［J］.内蒙古农业科技，2002（6）：34-35.

[21] 黎力之，潘珂，袁安，等.几种油菜秸秆营养成分的测定［J］.江西畜牧兽医杂志，2014，5：28-29.

[22] 刘洁，张英杰，刘月琴，等.豆秸对绵羊体重和能量、蛋白及脂肪消化率的营养［J］.黑龙江畜牧兽医，2009（11）：45-46.

[23] 卢焕玉，李杰.大豆秸秆作为粗饲料的营养价值评定［J］.中国畜牧杂志，2010，46（3）：36-38.

[24] 卢焕玉.豆秸营养价值评定及其氨化和微生物处理的影响［D］.哈尔滨：东北农业大学，2006.

[25] 罗燕，陈天峰，李君临，等.多花黑麦草和大豆秸秆混合青贮品质的研究［J］.草地学报，2015，23（1）：200-204.

[26] 马广英，作物秸秆黄贮效果研究［D］.石河子大学硕士学位论文，2014.

[27] 孟春花，乔永浩，钱勇，等.氨化对油菜秸秆营养成分及山羊瘤胃降解特性的影响［J］.动物营养学报，2016（6）：1796-1803.

[28] 莫重文.混合菌发酵豆渣生产蛋白质饲料的研究［J］.中国饲料，2007（14）：36-38.

[29] 乔永浩.氨化和微贮油菜秸秆营养变化及其饲喂母山羊效果研究［D］.南京农业大学硕士学位论文，2015.

[30] 孙国强，郭立忠，李振江，等.大豆秸秆菌糠喂牛的效果研究［J］.黄牛杂志，2001，27（2）：18-20.

[31] 王福春，瞿明仁，欧阳克蕙，等.油菜秸秆与皇竹草混合微贮料对锦江黄牛体内营养物质消化率的研究［J］.饲料研究，2015，13：45-47.

[32] 王福春，瞿明仁，欧阳克蕙，等.油菜秸秆与皇竹草混合微贮料瘤胃动态降解参数的研究［J］.饲料工业，2015，30（11）：51-55.

[33] 王汉中.我国油菜产需形势分析及产业发展对策［J］.中国油料作物学报，2007，29

（1）：101-105.

[34]　王洪超，刘大森，刘春龙，等．饲料油菜及其饲用价值研究进展［J］．土壤与作物，2016，5（1）：60-64.

[35]　王亚犁．饲用油菜与枯黄玉米秸秆复合青贮饲喂滩羊试验［J］．中国畜牧杂志，2005，41（1）：57.

[36]　王亚犁．利用饲用油菜复合青贮育肥秦川牛试验研究［J］．中国草食动物，2005，25（3）：37-38.

[37]　乌兰，马伟杰，义如格勒图，等．油菜秸秆饲用价值分析及其开发利用［J］．内蒙古草业，2007，19（1）：41-42.

[38]　谢明，苏加义．大豆秸粉在獭兔日粮中的应用研究［J］．安徽农学通报，2008，14（9）：133-134.

[39]　徐砚珂，杨合同，唐文华，等．鸟巢菌转化作物秸秆为真菌蛋白的研究［J］．山东科学，2001，14（1）：37-42.

[40]　徐忠，汪群慧，姜兆华．氨预处理对大豆秸秆纤维素酶解产糖影响的研究［J］．高校化学工程学报，2004，18（6）：773-776.

[41]　闫艳红，李君临，郭旭生，等．多花黑麦草与大豆秸秆混合青贮发酵品质的研究［J］．草业学报，2014，23（4）：93-99.

[42]　张俊英，赵志伟，张应礼．饲用油菜与枯黄玉米秸秆复合青贮饲喂山羊试验［J］．技术推广，2006，26（3）：61.

[43]　张树杰，王汉中．我国油菜生产应对气候变化的对策和措施分析［J］．中国油料作物学报，2012，34（1）：114-122.

[44]　张延坤．关于豆渣的综合开发利用［J］．天津农业科学，1994（4）：23-25.

[45]　朱洪龙，白腐真菌生物降解油菜秸秆及饲料化研究［D］．安徽农业大学硕士学位论文，2008.

[46]　朱洪龙，王力生，蔡海莹，等．两种白腐菌降解油菜秸秆效果的研究［J］．安徽农学通报，2007，13（8）：33-35.

[47]　NASER M S, BAYAZ A Z, RAMIN S, et al. Determining nutritive value of soybean straw for ruminants using nylon bags technique［J］. Pakistan J Nutr, 2011, 10（9）：838-841.

[48]　SANJIV K, GARG M C. Nutritional Evalution of soybean straw（glycine max）in Murrah heifers［J］. Indian J Anim Nutr, 1995, 12（2）：117-118.

[49]　Yang C M. Soybean milk residue ensiled with peanut hulls：fermentation acids, cell wall composition, and silage utilization by mixed ruminal microorganisms.［J］. Bioresource Technology, 2005, 96（12）：1419-1424.

第四章

糖料作物

第一节　甘蔗副产物的饲料化利用

甘蔗作为我国糖类生产的主要原料，2014 年我国甘蔗播种面积为 1 760.45 千 hm²，全年甘蔗产量为 12 561.13 万 t，仅次于巴西和印度位居世界第三位。我国 90% 以上甘蔗产量来自南部四个省区，即广西、云南、广东、海南，其中广西最多，约占全国产量的 60%，其次是云南，约占全国产量的 16%（中国统计年鉴，2014）。甘蔗收获期集中在冬春季，此时正是我国南方地区缺乏青绿粗饲料的时期，而如果能够将产量巨大的甘蔗梢等甘蔗副产物充分利用，将之开发成非常规饲料，可一定程度上降低养殖成本，将其饲料化利用能一定程度缓解冬春季节南方草食家畜青绿饲料资源不足的问题。

☞ 一、概况 ☜

甘蔗副产物主要有甘蔗梢、甘蔗渣、甘蔗糖蜜等。甘蔗梢是甘蔗的副产物之一，俗称蔗尾，约占全株甘蔗的 20%，2014 年产量约为 2 512.23 万 t，是一种廉价的能量饲料，具有产量大、产地集中、易于收购、成本较低等特点。据不完全统计，云南省目前甘蔗梢叶饲料化利用率在 25% 左右。大部分甘蔗梢叶都被焚烧，不但造成了环境污染，而且浪费了宝贵的饲料资源（杨国荣，2010）。甘蔗渣约占甘蔗的 24%～27%，每年产量约为 3 140 万 t，目前约 90% 蔗渣被用来当作燃料，用于糖厂的锅炉发电和供应蒸汽，剩余 10% 用于造纸及动物饲料等。甘蔗渣直接焚烧不仅是对资源的浪费，同时，其焚烧后产生的二氧化碳等温室气体也对环境造成了污染，合理开发利用其资源是亟待解决的问题。甘蔗糖蜜是以甘蔗原料制糖工业的一种副产物，呈深棕色、黏稠状和半流动液态，是制糖工业将压榨出的甘蔗汁液，经加热、中和、沉淀、过滤、浓缩、结晶等工序制糖后所剩下的浓稠液体，俗称糖稀。糖蜜主要用于发酵工业

（酵母、酒精、味精等）和动物饲料。在分类上属于液体能量饲料，具有消化吸收快、改善适口性、降低粉尘、提高颗粒质量等优点。

☞ 二、营养价值 ☜

甘蔗副产物主要有甘蔗梢、甘蔗渣、甘蔗糖蜜等，其中甘蔗糖蜜的营养价值最高，作为常规饲料已广泛应用于饲料发酵、舔砖制作等。产于广西的甘蔗副产物的营养成分见表4-1（李文娟等，2016），可见不同部位其饲料价值也不同，饲料价值从高到低依次为全株甘蔗>甘蔗叶>甘蔗渣，青贮或膨化技术可提高甘蔗副产物的饲料营养价值。与其他几种非常规饲料的营养成分比较见表4-2。

表4-1　广西地区甘蔗副产物营养成分　　（单位:%）

甘蔗副产物	甘蔗叶	青贮甘蔗叶	甘蔗渣	膨化甘蔗渣	全株甘蔗
干物质	93.38	93.02	92.79	94.41	93.9
有机物	94.2	91.64	93.95	93.4	92.45
总能（MJ/kg）	18.45	17.82	18.04	17.81	17.22
粗蛋白	6.12	6.7	6.62	6.57	6.13
粗脂肪	1.46	3.03	1.21	1.37	1.35
中性洗涤纤维	76.48	68.6	75.33	74.08	62.95
酸性洗涤纤维	46.14	37.99	32.37	31.49	30.71
非纤维糖类	16.95	21.68	16.84	17.98	29.57
钙	0.22	0.28	0.21	0.22	0.25
磷	0.1	0.13	0.09	0.08	0.09

表4-2　甘蔗副产物的营养成分与其他非常规饲料的比较　　（单位:%）

项目	DM	粗灰分	CP	EE	NDF	ADF	Ca	P
甘蔗渣	95.10	2.19	2.43	0.69	83.78	46.89	0.33	0.08
甘蔗梢	94.41	7.95	5.57	1.96	70.28	43.31	0.74	0.17
青贮甘蔗梢	85.49	9.02	4.72	4.72	71.92	42.32		
白酒糟	91.83	12.01	22.57	6.29	60.83	38.12		
麻叶	89.98	18.72	20.73	7.92	60.13	30.06		
麻秆	91.48	7.38	5.24	4.54	75.15	49.77		

（续表）

项目	DM	粗灰分	CP	EE	NDF	ADF	Ca	P
油菜秸秆	95.06	5.17	2.24	0.51	86.15	70.79		
玉米秸	91.90	9.91	4.16	3.31	81.21	53.70		
木薯渣	92.92	19.29	12.58	3.22	60.23	46.37		
薏米秸秆	87.44	13.13	10.77	3.05	69.15	39.14		
蚕豆皮	86.43	2.76	4.19	9.82	66.35	56.61		

1. 甘蔗梢

经测定每千克甘蔗梢干物质含消化能 5.69MJ，粗蛋白 3%～6.6%，无氮浸出物 35%～43%，甘蔗梢可提取 15 种氨基酸包括苏氨酸、丝氨酸、谷氨酸、脯氨酸、甘氨酸、丙氨酸、丙缬氨酸、胱氨酸、蛋氨酸、异亮氨酸、亮氨酸、酪氨酸、赖氨酸、精氨酸、苯丙氨酸等含量计 93.3g/16gN（单位）（蚁细苗等，2013）。

2. 甘蔗渣

甘蔗渣含干物质 90%～92%，其中粗蛋白 1.5%，粗纤维 44%～46%，粗脂肪 0.7%，无氮浸出物 42%，粗灰分 2%～3%，其中粗纤维含量又约含 46%的纤维素，25%半纤维素，20%木质素，以及约 9%的其他物质（Shaikh 等，2009）。

3. 甘蔗糖蜜

糖蜜按原料来源分为甘蔗糖蜜、甜菜糖蜜、葡萄糖蜜、柑橘糖蜜和玉米糖蜜等，其中甜菜糖蜜和甘蔗糖蜜产量较大。糖蜜的主要成分是糖类，如蔗糖、葡萄糖和果糖。糖蜜主要用于饲料工业，生产酒精、味精等发酵工业及制作工业用黏结剂等。其中饲料工业用量大约占世界贸易量的 60%。营养价值一般含糖量在 40%～56%，其中蔗糖含量约 30%，转化糖 10%～20%，此外还含有丰富的维生素、无机盐及其他高能量的非糖物质（王湘茹等，2010）。

☞ 三、加工利用技术 ☜

1. 甘蔗梢

甘蔗梢含有丰富的蛋白质、糖分及多种氨基酸和维生素 B6、硫胺素、核黄素、烟酸和叶酸等多种维生素，但由于含水量高、易霉变、不易晒干及干枯后适口性差等原因，总体利用率较低，目前绝大多数被废弃，造成了环境污染和资源浪费，其饲料化利用潜力巨大。南方地区缺少玉米秸秆等青贮原料，开发利用甘蔗梢、延长保存期可解决当地草食动物粗饲料来源不足、饲料成本高的难题。现有的甘蔗梢饲料化方案主要是鲜喂或晒干后做草粉等，存在饲喂期短、适口性较差等弊端。青贮不仅保持了青绿饲料的新鲜状态和大部分营养成分，而且具有保存时间长、柔软多汁和适口性好等优点。氨化是在密闭的条件下，将氨源（氨水、尿素、碳酸氢铵等）按一定的比例喷洒到秸秆上，在适宜的温度条件下经过一定时间的化学反应，从而提高饲用价值的一种秸秆处理方法，可提高非蛋白氮含量，延长保存时间。

在 1 000kg 甘蔗梢里面添加复合微生物菌剂（EM 菌剂）1.5kg 和糖蜜 5kg 进行青贮 30 天后，有效提高粗蛋白、粗脂肪及磷的含量，降低中性洗涤纤维的含量（蔡明等，2014）。同时郑晓灵等（2007）研究指出 EM 组乳酸含量比对照组（不加 EM 青贮组）上升 4.96%，pH 值下降了 5.97%，添加 EM 对青贮料有酸化作用。与对照组（不加 EM 青贮组）相比较，EM 组青贮甘蔗梢的粗水分、粗脂肪和无氮浸出物分别上升了 7.00%（P < 0.05）、13.69%、1.08%，粗蛋白质、粗纤维、Ca 和 P 分别下降了 9.00%、2.74%、2.41% 和 14.88% 添加 EM 后青贮甘蔗梢中葡萄糖、果糖、蔗糖的含量比对照组（不加 EM 青贮组）分别高 22.83%、28.21%、11.24%，氨态氮含量比对照组下降了 16.12%。李楠等（2014）指出将甘蔗梢粉碎过筛后与固液比 1∶5，锤度为 28°Bx 的糖蜜按一定比例混合制成培养基，接入 1∶1 的木霉与酵母，接种量为 50%，初始 pH 值 6.5 温度 26℃ 共同培养 5 天，粗蛋白质含量为 23.41%，较以前提高了 8.6%。

王子玉等研究发现，鲜甘蔗梢氨化（5%尿素）和裹包青贮 90 天后感官指标评价见表 4-3，加发酵剂青贮与甘蔗梢单独青贮的各项指标接近，其芳香味更明显，甘蔗梢单独青贮酸味更明显，说明鲜甘蔗梢的糖分、水分含量适宜青贮，无需添加青贮发酵剂。青贮组各项指标均优于 5% 尿素氨化组，氨化组的氨味明显，且粘手，有霉变，影响了适口性和采食量。

表4-3　氨化和裹包青贮甘蔗梢的感官指标评价

组别	pH 值	气味	色泽	质地	总分	特点描述
甘蔗梢+发酵剂青贮	4.47	21.3	17.7	8.3	47.3	芳香味，黄绿色
甘蔗梢单独青贮	4.32	20.6	18.4	8.5	47.5	酸香味，黄绿色
甘蔗梢+5%尿素氨化	8.64	18.3	14.3	7.6	40.2	氨味浓，黄褐色，粘手
鲜食玉米秸+5%尿素氨化	8.94	18.3	9.7	6.3	34.3	氨味浓，黄褐色，粘手

鲜甘蔗梢的水分在 69.6% ~ 74.9%。裹包青贮后 90 天的测定结果表明，青贮甘蔗梢的干物质含量 28.91%，粗蛋白含量 6.13%，粗脂肪 2.91%，NDF 70.73%，ADF 55.26%，与鲜食玉米秸的营养成分接近（表 4-4），粗蛋白含量高于甘蔗梢草粉（5.57%）、甘蔗渣（2.73%）、油菜秸秆（2.24%）、稻草（4%）和大豆秸（5%）等。

表 4-4　青贮甘蔗梢及青贮鲜食玉米秸的概略营养成分（干物质基础）

(单位:%)

项目	鲜食玉米青贮	甘蔗梢单独青贮	甘蔗梢（干草粉）	甘蔗渣（干）
干物质	28.67	28.91	94.41	81.8
粗蛋白质	7.64	6.13	5.57	2.73
粗脂肪	2.04	2.91	1.96	2.87
粗灰分	8.47	10.24	7.95	2.2
中性洗涤纤维	68.32	70.73	70.28	80.02
酸性洗涤纤维	47.61	55.26	43.31	49.96
钙	0.63	0.48	0.74	0.33
磷	0.18	0.13	0.17	0.08-

2. 甘蔗渣

甘蔗渣的成分以纤维素、半纤维素以及木质素为主，蛋白、淀粉和可溶性糖含量较少。甘蔗渣含干物质 90% ~ 92%，粗蛋白质 2.0%，粗纤维 44% ~ 46%，粗脂肪 0.7%，无氮浸出物 42%，粗灰分 2% ~ 3%。与作物秸秆相比，其木质化程度高，且由于蔗渣中的蔗茎表皮存在硅化细胞、养分不协调等原因，蔗渣作为反刍动物饲料时，有机物消化率只有 20% ~ 25% 或更低，传统上甘蔗渣经常被废弃。但甘蔗渣也有一系列优点，来源集中、产量大，收集简单、运输半径小，且甘蔗成分相对稳定、性质均一，将其用于高附加值产品的生产，可满足产业化所需的原料集中性、连续性和均一性要求（王允圃等，2010）。

甘蔗渣的处理方法主要有物理处理法、化学处理法和生物处理法。物理处理法主要通过粉碎、蒸煮、膨化、高压蒸汽裂解及辐射等方法处理蔗渣。虽然其操作方法简单，但对于设备要求较高，能耗非常大，所以其应用受到极大的限制。化学处理法，主要是利用酸、碱、有机溶剂处理甘蔗渣，使纤维素和半纤维素部分降解并除去木质素。常用的处理方法是碱化处理、氨化处理和酸化处理。化学处理法操作较为简单，但酸碱溶液对设备的腐蚀性大，同时对饲料原料消耗较大，另外，要是处理液处理不当，必然会带来处理废液的二次污染问题，这些都在一定程度上限制了化学法的应用。生物处理法，蔗渣的生物处理方法实质是利用某些微生物处理蔗渣，包括青贮法、微贮发酵和酶解等。其原理是通过选育某些特殊的生物酶系和菌种，经过适当组合后，通过这些酶系和菌种的降解作用，把蔗渣粗纤维中的纤维素、半纤维素、木质素等大分子碳水化合物降解为低分子的单糖或多糖的过程（徐进昊等，2015）。生物处理法，由于其微生物繁殖速度快、占地少、成本低、效率高等特点被广泛应用于实际生产当中。汪志铮（2009）将5%浓度的碱溶液喷在蔗渣上，经20~30min的碱化处理，再加15%的糖蜜、2%的玉米粉和0.8%的尿素，使饲料水分达到60%，然后置于青贮池，经4~6周贮藏发酵即得成品。但与不同处理的甘蔗梢相比，发酵甘蔗渣在瘤胃尼龙袋中的降解率显著降低（表4-5），表明甘蔗渣比较难降解，其饲用价值较低。

表4-5　干物质在瘤胃尼龙袋内不同时间的降解率　　　　（单位:%）

降解时间	6h	12h	24h	48h	72h
甘蔗梢+5%尿素氨化	25.96±0.62	28.22±0.75	35.60±2.56	40.01±1.97	40.99±1.15
甘蔗梢+秸秆降解剂青贮	20.89±0.86	21.85±1.44	28.54±1.10	29.22±4.08	36.87±4.77
甘蔗梢+0.7%尿素氨化	34.31±0.28	25.99±2.30	32.54±1.16	39.93±6.17	47.18±3.30
发酵甘蔗渣	2.58±0.71	4.16±0.44	9.11±1.63	16.07±0.94	22.18±1.02

☞　四、动物饲养技术与效果　☜

1. 甘蔗梢

甘蔗梢叶添加一定量的糖蜜和EM菌进行微贮处理，能提高适口性。肉牛平均日增重与玉米秆青贮组相当，饲料成本也大大降低，比玉米秆青贮组降低15.9%（蚁细苗等，2015）。同时刘建勇等（2010）研究指出在不补饲精料的情况下，对退役水牛饲喂EM青贮，ADG为314g；每头每天再补给0.5kg肉牛浓缩料或2.0kg、4.0kg精料补充料，ADG分别达到820g、1 065g或1 431g。

周雄等（2015）以青贮甘蔗尾叶替代不同比例的王草饲喂海南黑山羊发现，青贮甘蔗尾叶组的粗饲料干物质采食量和平均干物质日采食量均显著升高。黎庶凯等（2015）发现，在精饲料供给相同的条件下，以甘蔗秸秆为粗饲料饲喂山羊可显著提高其平均采食量。说明在饲粮中添加适当水平的青贮甘蔗梢可以提高山羊采食量，其原因可能是青贮甘蔗梢含糖量高，适口性好。适宜的中性洗涤纤维水平（35%~40%）日粮可提高肉羊对日粮养分的表观消化率。周雄等（2015）还发现以青贮甘蔗尾叶替代王草可提高海南黑山羊日粮养分表观消化率并提高其日增重，通过合理补饲还可提高甘蔗梢的饲料转化率。王子玉等研究了不同比例青贮甘蔗梢对妊娠后期山羊的饲喂效果，裹包青贮甘蔗梢替代青贮玉米秸可提高妊娠后期母羊的采食量，且100%替代组平均日采食量提高显著。

饲喂甘蔗梢可促进胎儿和胎盘的生长发育。在妊娠后期日粮中用青贮甘蔗梢替代100%或66%的青贮玉米秸时，山羊初生重和初生窝重分别达到最高。Salinas-Chavira等（2013）研究发现，甘蔗梢替代不同比例的高粱秸秆后，瘤胃干物质降解率明显提高，但对育肥公羔羊上的日增重和料重比影响不明显，Lima等（2013）在甘蔗梢青贮替代豆秸青贮的研究中发现，试验期总增重、平均日增重及饲料报酬均相似。

2. 甘蔗渣

汪志铮（2009）试验发现，将碱化的蔗渣再加入糖蜜等发酵后用以饲喂奶牛，日增重、日产奶量分别提高63%和13%，饲养成本降低25%。蚁细苗等（2015）研究证实，膨化甘蔗渣饲喂肉牛90天，每组牛总增重972kg，平均日增重比饲喂玉米秆青贮组提高了36.7%，饲料成本也大幅度降低，比玉米秆青贮组降低28.8%。广西大学夏中生等将糖蜜酒精废液蔗渣吸附发酵产物（MABFP）用作生长肥育猪饲料，通过试验比较饲养效果发现，饲喂MABFP不影响猪的增重，但是能够降低饲料消耗，从而降低生产成本，养殖户或配合饲料厂均可从中受益。

3. 甘蔗糖蜜

甘蔗糖蜜含糖量一般在48%。虽然其能量密度较玉米低，但是与玉米相比，其口感好，一般来说，猪、鸡、牛、羊均喜欢采食，消化吸收快且具有价格优势。实验表明，在猪饲料中加入糖蜜以代替同等数量的能量饲料，猪的摄食量增加9%~12%，日增重增加但饲料报酬稍有降低。在欧洲许多厂家都用糖蜜来降低粉尘，其添加量最高可达5%。一项鸡饲料的试验证明，在生产鸡饲料时添加2%的糖蜜对颗粒饲料粉尘率的改善为5.7%。

糖蜜的干物质含量65%，是一般青贮饲料的至少3倍。向青贮饲料中添加糖蜜能增加其干物质含量，并促使其自然发酵。糖蜜尿素舔块是补充反刍动物营养成分的有效而简便的方式，它可为牛、羊提供可发酵氮、可发酵能和必要的矿物质、维生素，是避免反刍动物过量摄入尿素的有效补饲的好方法，使瘤胃氨、氮维持在一定水平。采用糖蜜尿素舔块可有效促进瘤胃发酵，增加瘤胃微生物蛋白质的生产，尤其是在反刍动物被饲喂低氮高纤维的作物秸秆时，可提高秸秆等粗饲料的采食量和消化率。甘蔗糖蜜可以用来包被饲料，从而降低生产当中的粉尘，改善饲料适口性。在奶牛饲料中增加糖蜜用量可以增加奶产量及乳蛋白含量，使牛奶的质量得到优化（郭晨光等，2002）。也可以在甘蔗梢叶微贮处理时，加一定量糖蜜提高其适口性并促进发酵。何海燕等（2007）指出蔗叶粉与糖蜜比 8 : 2，料水比 1 : 1，$(NH_4)_2SO_4$ 添加量为 5%。最优发酵时间为：绿色木霉单菌发酵时间为 36h，绿色木霉与产朊假丝酵母混菌发酵时间为 48h，总发酵周期 84h。在此最优发酵条件下饲料中粗蛋白含量达 19.35%，比发酵前的 7.69% 提高了 1.52 倍，且发酵后饲料的香味及适口性都较发酵前有较大改观。

王新峰等（2006）在绵羊日粮中添加糖蜜，发现添加 4% 糖蜜足以给绵羊提供热量，同时可促进瘤胃微生物对瘤胃中有机酸和氨态氮的利用，进而提高粗饲料的利用效率，在一定程度上缓解了饲料来源不足的现状。奶牛饲料添加糖蜜，能明显提高瘤胃功能，增强其消化能力，特别泌乳早期奶牛饲料添加糖蜜，能明显降低能量负平衡现象。刘自新等（2006）报道，对荷斯坦奶牛补饲糖蜜尿素复合营养舔砖，与对照组相比，试验组日均产奶量增加 2.15kg，显著提高 12.5%，差异显著（P < 0.05）。

第二节　木薯副产物的饲料化利用

☞ 一、概况 ☜

木薯属大戟科木薯属，学名 *Manihot esculenta* Crantz，亦称树薯，偶称木番薯，其英语名为 cassava，亦作 manioc，manihot，yuca 等，多年生亚灌木。木薯广泛种植于热带的非洲、亚洲和拉丁美洲，木薯根富含淀粉，是发展中国家四大主要的粮食作物之一。19 世纪初木薯栽培传入中国，首先传入广东，19 世纪末传入台湾，民国时期传入福建。

目前，木薯已广泛分布于中国的南方。广东和广西的栽培面积最大，福建、台湾、海南次之；中南方（或南方中部）的云、贵、川、湘、赣等省也有少量栽培。木薯渣是木薯加工淀粉、酒精等后的下脚料。世界木薯淀粉的进口量从 1985 年的 6 万 t 上升到 2011 年的 157 万 t，总体呈现大幅上升的趋势。在木薯使用量增加的同时，产生的木薯渣也不断增加。联合国粮食及农业组织统计显示，从 1961 年到 2012 年，我国的木薯栽培面积从 8 万 hm^2 上升到 28 万 hm^2，增加 3.5 倍；产量从 94 万 t 提升到 456 万 t，增加了近 4.9 倍。

通常情况下，每加工 1t 的木薯大约会产生 700kg 的木薯渣。在我国，加工获取木薯淀粉的过程中，每年会有 30 万 t 的木薯渣产生，再加上其他产业所产生的木薯渣，每年的木薯渣总量就会高达 150 万 t，数量巨大。木薯渣主要是由木薯外皮及薄壁组织组成。我国每年会生产出数百万吨的木薯渣，由于产量大和处理成本高等原因，在一些科学技术和思维观念相对落后的地区，人们会将木薯渣直接废弃，这不仅造成了资源浪费，还严重污染了环境。事实上，木薯渣中含有很多和木薯相近的营养物质，也包括一些对动物机体有益的微量元素等，若经过合理的技术加工后可以发挥更大的营养价值。

☞ 二、营养价值 ☜

木薯渣碳水化合物、粗纤维含量高，矿物质、微量元素和氨基酸含量丰富，然而蛋白质含量低，是一种来源广泛、价格低廉的能量饲料。据报道，以干物质为基础，木薯渣中无氮浸出物的含量高达 78.7%，主要包括可溶性的淀粉化合物（单糖、淀粉）和纤维素类。由于品种、生长环境和加工方式等因素，不同的木薯渣检测出的营养成分含量会略有差异。据广东省湛江市质量计量监督所 2010 年测定结果，鲜木薯渣样中含水量 32.57%，粗蛋白 2.01%，粗灰分 4.02%，钙 0.17%，总磷 0.03%，粗脂肪 0.36%，粗纤维 19.51%，无氮浸出物 51.53%。研究发现，木薯渣干物质中 Ca、P、Cu、Zn、Mn 的含量分别为 8.45%、0.048%、24.02mg/kg、47.30mg/kg 和 66.20mg/kg 魏艳等对木薯块根不同部位的营养成分进行研究，其结果表明，薯皮的 β-胡萝卜素、粗蛋白质、可溶性糖和粗纤维质量分数表现为薯皮>全薯>薯肉。有研究报道，木薯皮中钾的含量为 1143.29mg/kg，微量元素镍的含量为 87.22mg/kg。因此要重视木薯皮的综合利用。木薯渣氨基酸含量相当丰富，尤其谷氨的含量高达 0.99%，木薯渣在鹅中 AME、TME 分别为 3.73、5.08 MJ/kg。

☞ 三、加工利用技术 ☜

木薯渣中的抗营养因子主要是氢氰酸，我国饲料卫生标准（GB 13078—2001）中规定，木薯干中氢氰酸最大允许量为 100mg/kg。其中规定在鸡、猪的浓缩饲料和配合饲料中最大允许量为 50mg/kg。因此，在使用木薯及其副产物木薯粉、木薯渣作为动物饲料时，要注意氢氰酸的副作用，有必要采取措施降低氢氰酸的含量，降至安全值安全饲养。

1. 微生物发酵技术

微生物降解是利用木薯渣最有效的方法，而微生物的种类是微生物降解的核心和基础。用德氏乳酸杆菌、棒状乳酸杆菌和烟曲霉菌混合菌对木薯渣进行发酵，提高了其蛋白质和氨基酸含量，降低了纤维素和氰化物。Aderemi 等通过曲霉菌对木薯渣进行生物降解，其粗蛋白含量由 5.35%增加到 12.64%，纤维素由 5.40%降低到 1.73%，半纤维素由 21.65%降到 15.92%。接种木霉菌到木薯渣中，粗蛋白含量由 1.45%增加到 25.50%，糖类由 43.5%降到 28.6%，粗纤维由 50.55%降到 23.20%。将产朊假丝酵母接种到木薯渣进行固态发酵，蛋白质提高 2.5 倍，烟酸提高 3.4 倍。要达到能够有效地降解木薯渣中的纤维素，提高纤维素降解效率，微生物种类的选择至关重要。

2. 青贮

每 1 000kg 木薯渣加尿素 5kg，分层均匀地撒在木薯渣上，装池踩实盖上一层薄膜密封，膜顶再盖上一层厚 20~25cm 的沙土，进行青贮，饲喂杂交牛，适当添喂精料进行肥育，其饲养成本较低，增重较快，获得较好的经济效益。将青贮木薯渣和蛋鸡料按 5∶1 混合作为能量饲料代替部分玉米饲喂小肉鸡，其采食量、体质量、饲料转化率和蛋白利用率增加。

☞ 四、动物饲养技术与效果 ☞

由于反刍动物的消化生理特征，对粗纤维有更好的消化吸收能力。所以，木薯渣在反刍动物上的应用较多。用低比例的木薯渣替代麦麸，证实能够降低夏季肥育牛饲养的增重成本，提高养殖效益，替代量占到精料的 7%~14%以内为宜。以木薯渣为基础日粮，添加 3.0kg 精料，育肥肉牛平均日增重超出 1 000g，增重效果良好，牛肉和脂肪颜色都处于最好等级区间。以青贮木薯渣为主饲料肥育肉牛，试验结果显示：以青贮木薯渣为主，添加精料 2kg，肉牛平均增重为 0.951kg。在奶牛日粮中添加 5kg 木薯渣代替苜蓿甘草，对试验奶牛产奶量和乳成分均无影响，并降低饲养成本。采用不同比例的木薯渣替代部分精料，测定山羊体增重、经济效益等，结果显示：饲料中木薯渣与精料的混合为 2∶1 时，综合效益较好。在非洲西部，利用木霉真菌发酵后的木薯渣喂养西非矮山羊，山羊繁殖方面与对照没有显著差异，但山羊的采食量、消化、生长速率提高，羊奶质量和产量也都有显著提高。木薯渣替代玉米比例为 15%时能够降低饲养成本，且对肉牛无不良影响。

第三节　甘薯副产物的饲料化利用

☞ **一、概况** ☜

甘薯属旋花科，一年生或多年生蔓生草本，甘薯又名山芋、红芋、番薯、红薯、白薯、白芋、地瓜、红苕等，是一种高产而适应性强的粮食作物，是重要的蔬菜来源，块根除作主粮外，也是食品加工、淀粉和酒精制造工业的重要原料，根、茎、叶又是优良的饲料，红薯已成为我国和其他一些国家重要的粮食作物之一。目前，我国甘薯的种植面积约占全世界的70%，总产量稳定在1亿t以上，占全世界的80%，其中18%~26%用于淀粉及其后续产品的加工，是仅次于水稻、小麦、玉米的主要粮食作物。甘薯在我国各省区均有种植，其中四川、贵州、云南、重庆、山东、河南、广东、甘肃、内蒙古、河北等14个省区市为主要产区，这些省区的甘薯产量占全国总产量的80%以上。甘薯渣是甘薯淀粉厂提取甘薯淀粉后剩余的残渣，其主要成分是淀粉、纤维素和蛋白质等，质量约占鲜质量的45%~60%，新鲜甘薯渣不易贮存，极易腐烂发臭，因而多数被当作废料丢弃，严重污染环境，成为困扰生产厂家的一大难题。

☞ **二、营养价值** ☜

甘薯经脱淀粉后，含水量较高，初水分含量在70%~95%，一般农户将甘薯渣晾晒达到干燥甘薯渣的目的，工厂化生产主要靠大型脱水设备脱水，一般不烘干处理。甘薯渣的含水量因脱水方法和干燥方法而不同，变异较大。甘薯中无氮浸出物含量较高，在86.2%~88.0%（干物质基础），CP、EE、CF和Ash含量分别为5.26%、0.38%、29.3%和2.95%。甘薯渣含有大量的营养物质，包括淀粉、膳食纤维、蛋白质等，其中淀粉含量最高，占48.26%，膳食纤维占26.73%，蛋白质占3.35%。甘薯渣中的GE以及DM、CP、CF、NDF、ADF、ADL、EE、Ash、Ca、P、NFE含量分别为13.49MJ/kg、90.08%、2.63%、10.66%、16.90%、13.27%、4.56%、2.77%、8.74%、1.12%、0.17%、65.29%，甘薯渣在生长獭兔中的表观消化能11.47MJ/kg，生长獭兔对红薯渣GE、DM、CP、CF、NDF、ADF、ADL、EE、Ash、Ca、P、NFE的表观消化率分别为85.00%、74.64%、92.60%、20.84%、30.13%、10.69%、41.47%、9.25%、34.16%、47.33%、51.13%、80.57%。

甘薯藤，即甘薯地上茎部分，含叶、柄、藤，资源量也非常巨大。对甘薯藤的加工利用却较少，大部分都被抛弃，造成资源浪费和环境污染。甘薯茎蔓的嫩尖含有丰富的蛋白质、胡萝卜素、维生素、铁和钙质。甘薯顶端15cm的鲜茎叶，蛋白质含量为2.74%，胡萝卜素为5 580 IU/100g，维生素B_2为3.5mg/kg，维生素C为41.07mg/kg，铁为3.94mg/kg，钙为74.4mg/kg。甘薯藤叶中能量虽较块根低，但粗蛋白质含量较高，称为高能量、高蛋白饲料。甘薯藤叶富含丰富的营养物质，青绿多汁，适口性好，是猪、牛、羊的优质饲料。可新鲜状态喂给或青贮饲喂，打浆或切碎，也可以拌入糠麸生湿喂。

☞ 三、加工利用技术 ☜

1. 微生物发酵生产蛋白饲料

甘薯渣具有高纤维、高淀粉、不易储存等特点，可通过微生物发酵改善其营养价值，有效将其作为饲料资源进行开发利用。甘薯渣中富含淀粉和纤维，但蛋白含量低，通过微生物发酵，一方面微生物可将甘薯渣中低质量蛋白转化为高质量菌体蛋白，提高蛋白质量；另一方面，微生物在甘薯渣发酵基质中生长，可分泌纤维素酶、淀粉酶、蛋白酶等有益物质，动物食用后，这些酶有助于提高饲料的转化利用率，同时发酵还可降低甘薯渣中粗纤维含量。用黑曲霉、里氏木霉、枯草芽孢杆菌和酿酒酵母以1：1：2：1的比例混合，在适宜的条件下对甘薯渣进行发酵，结果表明，与对照相比，粗蛋白含量从6.37%提高到9.75%；粗脂肪从2.71%提高到4.92%；同时发酵后还原糖含量达到8.22%，羧甲基纤维素酶活、滤纸酶活、β-葡萄糖苷酶活和淀粉酶活分别为：4.26U、3.29U、3.75U和5.15U；混菌发酵组的CP、EE、还原酶和酶活等都显著高于单菌发酵组。邢文会等用复合微生物菌剂对甘薯渣进行发酵，发酵后真蛋白质含量增加至22.95%，比优化前提高了47.68%。用康宁木霉和枯草芽孢杆菌对甘薯渣进行发酵，不仅可以提高甘薯渣真蛋白质、降解粗纤维，还可以改善甘薯渣氨基酸组成。Yang等采用固态发酵的方法对红薯渣进行接种发酵，得到的发酵饲料粗蛋白质含量达16.11%~20.82%。Aziz等人利用酸和γ射线对红薯渣处理后进行微生物发酵，得到的产物蛋白含量高达65.8%。

2. 青贮

青贮的明显特征是pH值低，通常在3.7~4.2，乳酸含量高，乳酸所占总酸的比例越大越好，青贮品质越佳。青贮可以有效地保存原料中的营养物质，损失少，尤其是有效保存蛋白质、维生素和矿物质。

甘薯渣是饲养家畜的良好饲料，但含水量高，如不及时晒干就会引起酸败变质。晒干后营养成分损失大，饲喂费时、费工，既不方便又不经济。而采用鲜贮，其营养成分比晒干损失少、松软多汁、适口性好、利用率高、饲喂方便，其具体做法是：用无毒聚乙烯塑料薄膜制袋→选地势高、排水畅通、离畜禽舍近的地方挖窖→甘薯渣装入袋内压实封口→封窖。数天后开袋饲喂，开袋后的优质粉渣呈乳黄色，气味酸甜芳香，手感柔软湿润；如呈灰褐色，并有酸臭味或霉烂气味则不宜喂用，以免家畜发生中毒。甘薯渣青贮试验结果表明：随着青贮时间的延长，各处理的 pH 值呈下降趋势，而氨态氮/总氮的比值、乳酸含量呈上升趋势。甘薯渣中添加发酵液可显著提高青贮料中的乳酸含量，并可降低 pH 值和氨态氮含量，发酵品质得到一定程度的改善。

甘薯藤收割后先晾晒 1 天，贮存时，将甘薯藤切成 2~5cm 长的段（袋贮宜更短），边切边填压。红薯藤地面青贮饲料的粗蛋白和粗脂肪是玉米地面青贮的 3 倍，新鲜红薯藤的 10 倍，红薯藤地面青贮饲料总体品质评价高于玉米地面青贮和新鲜红薯藤。

3. 颗粒饲料

甘薯渣颗粒饲料是将鲜薯渣置于饲料造粒机或其他造粒机械中，将薯渣挤出水分，造粒成型，将成型的甘薯渣颗粒置入烘干房或烘干窖内烘干至含水量为 12%~13%，然后冷却至常温，即成成品；也可将成型的甘薯渣颗粒放置在露天晾晒至含水量为 12%~13% 而成成品，再进行包装。用这种方法加工的甘薯渣颗粒饲料由于是挤压成型，其结构密实，体积小，故其易于运输和存储。经过烘干含水量低，与一般粮食的含水量相当，故其不会发霉变质，可等同于粮食的储存期。甘薯渣颗粒饲料易被水溶解，一般在温水中 20min 就可以溶解，故其不仅可作为家禽和牲畜的直接饲料，还可以作为复合饲料的原料。

☞ 四、动物饲养技术与效果 ☜

对反刍动物而言，粗纤维是一种必需营养素，对反刍动物生产性能的发挥具有十分重要的调节作用。故甘薯渣中高消化性的粗纤维，使之成为一种优良的反刍动物饲料资源。陈宇光等研究表明，试验奶牛日粮中添加 5kg 红薯渣代替苜蓿干草对试验奶牛产奶量和乳成分影响不显著，说明红薯渣直接用来饲喂奶牛是可行的；利用红薯渣不仅解决奶牛饲养中粗纤维饲料的替代问题，而且能降低奶牛的生产成本。王中华等研究发现，在饲料里添加 10%~15% 酸化红薯粉渣可提高肉兔的生长性能和免疫器官指数，降低胃肠 pH 值。在育肥牛日粮中以红薯渣替代白酒糟的 50%（占风干日粮的 10%），不影响生产性能且可节约成本。

红薯藤粉能部分或全部代替苜蓿草粉，对试验兔生长发育、生理生化值无影响，在南方养兔生产中，选择红薯藤粉代替苜蓿草粉是可行的。在杂交野兔日粮中添加 18g/100g 的红薯藤粉，日粮蛋白质含量 17.43g/100g，能量 11.95MJ/kg，能够充分利用红薯藤资源，可降低饲料成本，提高饲养杂交野兔的经济效益。

第四节 马铃薯副产物的饲料化利用

☞ 一、概况 ☜

马铃薯，茄科茄属一年生草本植物。又称土豆、洋芋、山药蛋、薯仔等。块茎可供食用，是重要的粮食、蔬菜兼用作物。马铃薯于 8 000 年前起源于安第斯山脉，由于其良好的性质以及对不同气候具有极强的适应力，所以广泛分布在世界各地。世界马铃薯主要生产国有中国、俄罗斯、波兰、美国。国内马铃薯的主产区是西南山区、西北、内蒙古和东北地区。其中以西南山区的播种面积为最大，约为全国总种植面积的 1/3。从全世界范围来看，马铃薯的总产量和种植面积仅次于小麦、水稻、玉米和大麦，位居第五，是人类不可或缺的重要粮食作物。据统计，2009 年，我国马铃薯种植面积为 520.5 万 hm^2，年总产量 8 153 万 t，居世界第一，2013 年世界马铃薯种植面积达到 1 944.5 万 hm^2，产量为 3.68 亿 t，而我国马铃薯种植面积和产量均位居世界第一，分别是 577.48 万 hm^2 和 8 898.7 万 t（FAO）。

马铃薯薯渣是马铃薯淀粉生产过程中产生的一种主要成分是水、细胞碎片和残余淀粉颗粒的副产物，鲜薯渣含水量高达 90%，自带菌种多达 33 种，不宜储存、运输，因其蛋白含量低，粗纤维含量高，适口性差，晒干或直接作为饲料营养低，若烘干处理，能耗高。由于生产季节集中，大量的薯渣堆积，若不及时处理，占用场地且容易腐败产生恶臭，既影响原料的利用率，又造成了环境污染。目前我国大中型淀粉厂 700 多个，年产马铃薯淀粉 130 万 t，共排放马铃薯废渣约 400 万 t，研究发现，薯渣中含有大量的纤维素等可利用成分，同时含有部分淀粉和少量蛋白质，将其进行合理的加工处理用作动物饲料是开发饲料资源、节约饲料成本的有效途径。

☞ 二、营养价值 ☜

薯渣主要化学成分包括淀粉、纤维素、半纤维素、果胶、游离氨基酸、寡肽、多肽、阿拉伯半乳糖和灰分。其成分与含量在不同的资料中略有不同，但其中的残余淀粉含量还是很高，纤维素、果胶含量也较高。

马铃薯渣的水分含量高达 80% 左右，本身自带有多种微生物菌种，因此非常不利于长期储存，若干燥处理则成本过高，企业难以承受。这导致薯渣到目前为止并没有被充分利用，大多数研究还停留在实验室阶段。当马铃薯淀粉作为底物时，可以酶解产生多种不同的糖类，如麦芽糊精和一些混合物，具有非常大的商业价值。目前，淀粉的水解产物被广泛应用在食品、造纸、纺织等行业。马铃薯渣中的纤维素主要来自断裂的块茎细胞壁、马铃薯皮和残余的完整细胞壁等，占干基的 40%~50%。马铃薯渣可以被认为是一种安全、廉价的膳食纤维资源。薯渣中的膳食纤维属于天然的大分子物质，具有预防和治疗冠心病、治疗肥胖症、治疗糖尿病、预防结肠癌、清除外源有害物质等功能作用。薯渣的果胶成分主要来自于细胞壁，干渣中约有 10% 的果胶，其富含半乳糖支果胶多糖、半乳糖醛酸、阿拉伯糖和鼠李糖等，溶解性好，可以作为益生元来促进益生菌的生长繁殖。干基中蛋白含量较少，仅占 1%~2%，但营养价值和生物学价值很高，马铃薯蛋白中必需氨基酸含量约占氨基酸总量的 47.9%。

☞ 三、加工利用技术 ☜

1. 微生物发酵生产蛋白质饲料

采用半固态、固态发酵马铃薯渣生产单细胞蛋白饲料，是马铃薯渣转化饲料较为常见的方法，它具有能耗低、方法简单、适合工业化生产的特点。用白地霉、产朊假丝酵母和酿酒酵母 3 种菌对马铃薯渣进行发酵，真蛋白质由发酵前的 4.08% 提高到发酵产物中的 16.52%，并且原料的霉腐等异味也得到了清除。程方等用黑曲霉和啤酒酵母对马铃薯渣进行发酵，发酵后蛋白酶活力和纤维素酶活力提高，粗纤维含量降低。研究表明，通过微生物发酵处理可大幅度提高薯渣的蛋白质含量，从发酵前占干重的 4.6% 可增加到 57.4%。另外，微生物发酵可改善粗纤维的结构，并产生淡淡的香味，从而使适口性更佳。马铃薯淀粉渣作为原材料，利用镰刀菌属和酵母菌进行发酵来生产微生物蛋白饲料，研究结果表明，在发酵过程中用酸和 γ-射线处理可以使蛋白质的产量大大提高，发酵 3 天，蛋白质产量达 65.8%。用不同菌种对马铃薯渣进行发酵，研究结果表明，适宜的菌种组合为酿酒酵母+白地霉+热带假丝酵母+植物乳杆菌，经过发酵，马铃薯渣粗蛋白质含量为 35.63%，真蛋白质含量为 14.05%。

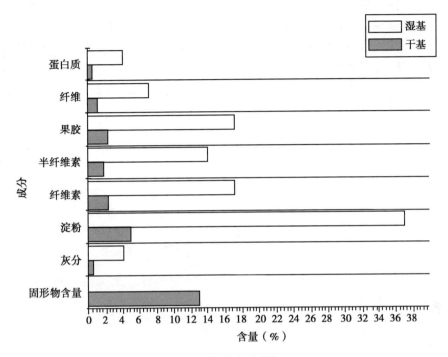

马铃薯渣主要成分

2. 青贮

青贮马铃薯渣干物质、有机物、粗蛋白、中性洗涤纤维、酸性洗涤纤维的降解率随着时间的增加逐渐增大，其胃有效降解率分别为 58.58%、62.17%、55.45%、39.67%、41.92%。

☞ 四、动物饲养技术与效果 ☜

粉渣—玉米秸秆混合青贮料替代部分全株玉米青贮有提高肉羊日增重的趋势，可以提高血清尿素氮含量，显著降低瘤胃液氨态氮浓度，可以替代肉羊饲粮中 75% 的全株玉米青贮料。马铃薯淀粉渣和玉米秸秆混合青贮料替代部分玉米秸秆黄贮料能提高肉牛瘤胃液氨态氮浓度，对瘤胃液挥发性脂肪酸含量和血清生化指标无影响。马铃薯淀粉渣和玉米秸秆混合青贮料可以替代肉牛饲粮中 75% 的玉米秸秆黄贮料，可以提高肉牛瘤胃液氨态氮浓度，对瘤胃液挥发性脂肪酸含量和血清生化指标无显著影响。用不同的日粮配方饲喂奶牛，对照组：株青贮玉米+精料补充料+小麦秸秆；试验 1 组：5% 全株青贮玉米+25% 混合青贮饲料+精料补充料+小麦秸秆；试验 2 组：50%全株青贮玉米+50%混合青贮饲料+精料补充料+小麦秸秆；试验 3 组：混合青贮饲料+精料补充料+小麦秸秆，研究结果表明，各组奶牛的产奶量差异不显著，且乳成分指标均比试验前有所提高，但饲喂混合青贮料的乳成分指标比饲喂全株青贮料玉米的提高更多，说明饲喂混合青贮料后奶牛的牛奶质量得到了提高，因此可以用马铃薯渣和秸秆混合青贮料代替全株青贮玉米饲喂奶牛。

参考文献

[1] 蔡明，牟兰，王宗礼，等．甘蔗副产物的饲料化利用研究［J］．生态养殖，2014（12）：35-12

[2] 郭晨光，王红英．甘蔗糖蜜在奶牛饲养上的应用［J］．中国奶牛，2002，2，22-24.

[3] 何海燕，覃拥灵．利用蔗叶粉和糖蜜发酵生产蛋白饲料的研究［J］．饲料工业，2007，28（11）：52-53.

[4] 黎庶凯，黄世洋，罗荣太，等．甘蔗秸秆饲喂山羊试验观察［J］．畜牧与饲料科学，2015（3）：44-46.

[5] 李楠，赵辰龙，周瑞芳，等．利用甘蔗尾叶生产蛋白质饲料的研究［J］．试验研究，2014（9）：22-26.

[6] 李文娟，王世琴，马涛，等．体外产气法评定甘蔗副产物作为草食动物饲料的营养价值．饲料研究.2016（18）16-21.

[7] 刘建勇，余梅，王安奎，等．EM 菌剂调制甘蔗梢及饲喂德宏水牛的效果［J］．中国牛业科学，2010，36（6）：40-43.

[8] 汪志铮．如何用甘蔗渣、蔗尾制作牛饲料［J］．科学种养，2009，6：41-42.

[9] 王湘茹，于淑娟．甘蔗糖蜜澄清处理及处理前后组分分析［J］．中国调味品，2010，35（2）：64-68.

[10] 王新峰，潘晓亮，向春和，等．添加甜菜糖蜜对绵羊瘤胃 pH 和 NH_3-N 浓度的影响［J］．中国饲料，2006，2：25-27.

[11] 王允圃，李积华，刘玉环，等．甘蔗渣综合利用技术的最新进展.中国农学通报，2010，26（16）：370-375

[12] 徐进昊，张丽，赵睿．利用生物法处理甘蔗渣的应用［J］．饲料广角，2015.21.

[13] 杨国荣，王安奎，徐康，等．云南蔗梢饲料资源的利用与开发［J］．养殖与饲料，2010（9）：98-98.

[14] 蚁细苗，谭文兴，陶誉文，等．甘蔗副产物粗饲料化试验研究［J］．2015，10，5

[15] 蚁细苗，谭文兴，钟映萍，等．利用甘蔗梢（叶）作牛饲料［J］．甘蔗糖业，2013（2）：43-45

[16] 郑晓灵，刘艳芬，刘铀，等．复合微生物菌剂对甘蔗梢青贮品质的影响［J］．资源开发利用，2007（16）40-42.

［17］ 中华人民共和国统计局. 中国统计年鉴 2014 ［M］. 中国统计出版社，2014.

［18］ 周雄，周璐丽，王定发，等. 日粮中青贮甘蔗尾叶替代不同比例王草对海南黑山羊生长性能、养分表观消化率及血清生化指标的影响［J］. 中国畜牧兽医，2015，42（6）：1443-1448.

［19］ Salinas-Chavira J，Almaguer L J，Aguilera-Aceves C E，et al. Effect of substitution of sorghum stover with sugarcane top silage on ruminal dry matter degradability of diets and growth performance of feedlot hair lambs［J］. Small Ruminant Research，2013，112（s1-3）：73-77.

［20］ Lima，J.A.de，Gavioli，I.L.de C.，Barbosa，C.M.P.，et al. Soybean silage and sugarcane tops silage on lamb performance［J］. Cienc.Rural.，2013，43（8）：1478-1484.

［21］ Shaikh H M，Pandare K V，et al. Utilization of sugarcane bagasse cellulose for producing cellulose acetates：Novel use of residual hemicellulose as plasticizer［J］. Carbohydrate Polymersm，2009，76（1）：23-29.

第五章

果类副产物

第一节　香蕉副产物的饲料化利用

☞ **一、概况** ☜

1. 香蕉种植分布

香蕉（Banana）为芭蕉科（Musaceae）芭蕉属（*Msa*）单子叶植物，是世界四大名果之一，更是热带及亚热带最重要的水果。香蕉味香、富含营养。香蕉为大型草本植物，从根状茎发出，由叶鞘下部形成高 3~6m 的假秆；叶长圆形至椭圆形，有的长达 3~3.5m，宽 65cm，10~20 枚簇生茎顶。穗状花序大，由假秆顶端抽出，花多数，淡黄色；果序弯垂，结果 10~20 串，50~150 个。

世界上有 130 多个国家种植香蕉，2014 年全球香蕉产量为 106.2 百万 t，亚洲是全球最大的香蕉产地，2000—2014 年间亚洲生产的香蕉约占全球的 54.1%，其次是美洲，占 28.9%。在亚洲东南部，包括我国南方及马来西亚、新几内亚和菲律宾等都有大面积种植，栽培面积仅次于葡萄和柑橘，位居世界第三。我国是香蕉的原产地之一，种植历史悠久，是世界第三大香蕉生产国。2008 年我国香蕉总种植面积约为 31.78 万 hm²。我国香蕉种植区域集中在北纬 30°以内的热带地区，主要分布在广东、广西、海南、云南、福建等华南 5 省区，其种植面积：广东为 12.86 万 hm²，广西为 6.10 万 hm²，云南为 5.09 万 hm²。海南为 4.79 万 hm²，福建为 2.63 万 hm²。台湾、四川、贵州南部也有少量栽培。2008 年我国香蕉生产大省的产量分别为：广东 348.10 万 t，海南 151.60 万 t，广西 97.00 万 t，云南 94.80 万 t，福建 88.20 万 t，上述五省的香蕉总产量占全国总产量的 97%以上。各省香蕉种植分布：广西以灵山、浦北、玉林、南宁、钦州为主产区；广东以湛江、茂名、中山、东莞、广州、潮州为主产区；福建主要集中在漳浦、平和、南靖、长泰、诏安、华安、云霄、龙海、厦门、南安、莆田、漳州（天宝）和仙游等县（市、区）；海南的香蕉主要分布在儋州、澄迈、三亚、东方等地，其中产量最多是东方。台湾的香蕉以高雄、屏东为主栽区，其次是台中和台东等地。

2. 香蕉栽培技术

我国主栽的香芽蕉品种主要有巴西、威廉斯、泰国蕉、高脚顿地雷、天宝蕉等十几个品种。以巴西和威廉斯这两个品种种植面积最大，适应性最强，分布最为广泛。

香蕉采用无性繁殖，繁育苗分为吸芽苗和组培苗两种。传统上的吸芽苗分为 3 种：第一种是立冬前抽生的楼衣芽；第二种是春暖后抽生的红笋；第三种是收获后的旧蕉头抽出的吸芽。这 3 种吸芽都可以培育成结果树。但吸芽的育种方法目前已经很少用了。

20 世纪 80 年代中期逐步推广香蕉组培苗，香蕉组培苗大田种植成活率可达 95%，种植前期不带病毒，在高肥水条件下，组培苗生长迅速、同步而稳定，可预测其开花期和收获期。应用组织培养的方法有利于提高种性，用少量的优质吸芽短期便可繁殖出大量的苗木。据报道：每个吸芽第一代可获得 15 个小芽，以后平均每 2 个月增加 10 倍，一个吸芽 10 个月可增殖至 20 万株小苗。此外，应用组织培养技术繁殖香蕉种苗，能缩短增殖周期，提高繁殖系数。如台湾、广东新会、东莞、遂溪、海康等地建立工厂化育苗方式，培育出大量优质香蕉组培苗，从而大幅提高了我国香蕉的生产水平。

此外，高产栽培技术得到广泛应用。如良种组培苗配套栽培技术、香蕉营养诊断指导施肥及香蕉专用肥的研制与推广应用技术等，还有一些地区根据各自的气候特点在实践中总结出来的实用技术，也取得很好的应用效果。全国各地在结合新的栽培技术应用的基础上，充分利用自己的小气候优势，实行生产制度改革、调整，从以前国内香蕉只能进行秋植秋收，改为秋植、春夏植相结合，如广东粤东、珠三角和福建漳州的冬春蕉，海南、广东粤西、广西凭祥的春夏蕉，广西南宁、钦州、百色等地的秋冬蕉，使我国香蕉实现了全年性生产并出现一定程度季节性区域互补的布局，进一步扩大了市场，提高了香蕉的生产效益。

3. 香蕉副产物

改革开放以来，全球每年的香蕉产量超过 8 000 万 t，我国香蕉产业发展迅猛，种植面积从 1983 年的 13.33 千 hm² 发展到 2011 年的 36.67 万 hm²，居世界第五位；产量从 125.1 万 t 增加到 950 万 t，居世界第三。国内香蕉产业仅次于苹果、葡萄和柑橘，名列中国水果第四位。

香蕉是多年生常绿性大型草本植物，植株丛生。矮型香蕉高 3.5m 以下，一般不及 2m，高型香蕉高 4~5m，假茎均浓绿带黑斑。香蕉叶大，呈椭圆形，叶片长（1.5）2~2.2（2.5）m，宽 60~70（85）cm，萌芽时香蕉叶片数为 60~70 片，长势旺盛的植株，开花时青叶保存数为 10~15 片，一般种植 10~14 个月后挂果，收果时还保留 5~7 片绿叶。香蕉叶柄短粗，通常长 30cm 以下。因此，香蕉果实成熟采摘后，会产生大量的副产物。香蕉副产物包括除了果实以外的香蕉假茎、叶子、花序、果柄（花茎或花轴）、地下球茎、皮和没有成熟的小绿蕉及外形不好或是被碾压的熟香蕉等。

根据测定，香蕉生产的同时也产生了 75% 左右的香蕉茎叶副产品。每种植 1hm² 香蕉会产生 600~900t 茎、秆和叶，这些都是很有开发潜力的农作物资源，科学合理利用，可避免枯萎病的扩散和蔓延，也可避免资源的重大浪费。按 2 600 株/hm²，每株香蕉鲜茎、叶 35kg 计算，香蕉茎叶达 2 325.05万 t。

传统生产中大部分茎叶资源被随意丢弃，只有少部分茎叶资源用作肥料燃料，这些副产品没有得到合理利用导致了一系列问题。第一，资源浪费。仅闽南地区年产香蕉茎叶约 60 万 t，不加以合理利用，造成资源的巨大浪费。第二，影响蕉园环境。倒戈的香蕉假茎的处理常使蕉农为难，由于数量可观，体积庞大，且含水量大（香蕉假茎达 94.8%，鲜叶 78.1%），腐烂时间长，既占地又污染空气，造成二次污染。第三，香蕉副产物的长期堆放，招来虫害。近年来香蕉病虫害日趋严重，香蕉叶斑病、花叶心腐病、象鼻虫、线虫、叶螨的危害有不断加剧的趋势。粗略估计，病虫害肆虐可造成香蕉产量损失 20%~40%，严重时可毁产绝收。第四，堵塞交通。香蕉副产物如茎体积大，还田时间长，弃于公路边或水渠中，导致交通堵塞、水利不便，破坏生态环境。

☞ 二、营养价值 ☜

香蕉果肉营养丰富，味美易咀嚼，易消化。香蕉果实无氮浸出物含量较高，超过了 80%，此外还富含多种矿物质元素和维生素，其中矿物质以钾含量最充足，其次是镁、钙和磷；铁含量高，铜少量；维生素则以维生素 A、维生素 C 和 B 族维生素较多（硫胺素 40μg；核黄素 70μg；烟酸 610μg；泛酸 280μg；吡哆醇 470μg；叶酸 23μg）。

香蕉各部位的化学成分含量不同，见表 5-1。其含有丰富的水分、粗纤维、粗脂肪、无氮浸出物，是一种营养丰富的植物体。香蕉皮中的纤维部分包括木质素（6%~12%），果胶（10%~21%），纤维素（7.6%~9.6%）和半纤维素（6.4%~9.4%）。香蕉皮还富含淀粉（3%）和多不饱和脂肪酸，特别是亚麻酸和 a-亚麻酸，果胶，必需氨基酸（亮氨酸、缬氨酸、苯丙氨酸和苏氨酸）以及微量元素（K、P、Ca、Mg），果皮中 Ca 和 Mg 的含量超过了240mg/100g 鲜重，P、K、Fe、Zn 等无机和微量元素的含量也比较丰富。随着水果成熟，可溶性碳水化合物含量增加，原因是内源酶对淀粉和半纤维素的降解，淀粉和半纤维素含量下降，蛋白和油脂含量稍增。另外，从香蕉皮中萃取出的果胶也含有葡萄糖、半乳糖、阿拉伯糖、鼠李糖和木糖等。香蕉皮是制备饲料、果胶、膳食纤维等多种膳食用品和工业用品的原材料之一。

表 5-1　香蕉各部位营养成分分析（除干物质外，其余均为干物质基础）

（单位:%）

名称	粗蛋白	粗脂肪	无氮浸出物	粗纤维	灰分	粗蛋白	消化能（kcal/kg）
果实，新鲜去皮	74	1.1	88.2	1.3	4.0	5.5	3.52
果实，煮熟脱水	91	3.6	83.4	5.4	4.5	3.5	3.52
果实，脱水	87	3.1	81.7	3.0	5.3	4.5	3.47
香蕉假茎，新鲜成熟	6	1.9	57.1	23.7	9.7	7.6	2.72
香蕉叶，新鲜	24	6.0	38.6	28.8	9.3	17.5	2.82
香蕉叶，晒干	84	1.5	55.5	24.3	8.9	9.8	2.45
香蕉叶，新鲜未成熟	18	4.2	41.9	25.4	8.1	20.5	3.00
香蕉皮，新鲜	18	8.3	33.5	26.7	22.0	9.5	2.76
香蕉皮，煮熟，脱水	90	13.0	57.2	15.0	9.5	5.3	3.48
香蕉皮，脱水	91	14.7	56.0	12.7	10.8	5.9	3.56
香蕉，整株	20.9	1.9	85.2	3.3	4.8	4.8	—

摘自 Babatunde 等，1992

与其他农作物秸秆相比，香蕉叶片和茎秆营养物质含量丰富，尤其无氮浸出物含量，叶片可达 50%，茎秆接近 60%，能量值较高。香蕉假茎的外层主要是纤维素成分，而茎芯富含多糖和微量元素，且木质素含量很低。香蕉叶片的水分、粗蛋白质等营养物质含量明显高于假茎；此外，香蕉茎叶中还含有较丰富的胡萝卜素、尼克酸、核黄素和硫胺素等多种维生素，且 Ca、P 比例平衡，是一种营养成分较为全面的饲草资源。

Omer（2009）通过原位法评价了香蕉茎叶的瘤胃降解特性，结果显示，香蕉假茎中快速降解部分、慢速降解部分、慢速部分的降解速率以及瘤胃有效降解率（假定外流速度为 0.03%/h）分别为 35.17%、61.55%、0.012%/h 和

52.77%；香蕉叶中快速降解部分、慢速降解部分、慢速部分的降解速率以及瘤胃有效降解率分别为 16.95%、23.24%、0.09%/h 和 28.37%；香蕉叶的有效降解率较假茎低，原因在于叶中木质素的含量较高，而假茎中的可溶性部分含量较高。

☞ 三、加工利用技术 ☜

香蕉茎叶的主要特征是水分含量高，可达 90% 以上，容易腐烂，不利于长期使用，因此这是其作为动物饲料的一个主要限制因素。干燥是贮藏饲料的方法之一，但是适合香蕉种植的南方地区，往往雨水多，没有办法靠太阳晒干，而人工干燥，能耗与成本高，不经济，所以从营养、保存及环境、经济成本的角度考虑，尤其对于反刍动物饲料，青贮是较好的选择。

1. 青贮香蕉茎叶原料与辅料的准备

（1）原料要求　青贮用的香蕉茎叶，应是收获后的新鲜茎叶，且无泥土及其他杂质，无霉烂、无污染、干净卫生。青贮前应把青贮原料切碎至约 1~2cm。小批量青贮可用铡刀等将香蕉茎叶切短，晾晒至水分含量为 70%~75%；大批量青贮生产可用秸秆粉碎机切碎后，挤压，控制水分含量至 70%~75%。

（2）辅料种类及用量　为提高青贮饲料的营养价值、改善青贮香蕉副产物饲料的适口性、降低香蕉茎叶中单宁含量，提高青贮成功率，可添加尿素、糖蜜、谷物粉和无机盐作等青贮饲料的辅料。辅料应根据需要选择性添加，尿素作为香蕉茎叶青贮饲料添加剂的添加量为青贮原料的 0.3%~0.5%，甘蔗糖蜜、米糠或豆粕为 3%~5%，食盐为 0.2%~0.3%。李志春等（2013）研究了单独或联合添加糖蜜和米糠对香蕉茎叶青贮饲料品质的影响，结果显示，添加 4% 米糠可降低青贮饲料的水分含量，提高粗蛋白含量；添加 4% 糖蜜可明显改善青贮饲料的感官品质，提高蛋白质含量，降低 pH 值、氨态氮和单宁含量；联合添加 4% 的糖蜜与米糠不仅显著提高了青贮饲料的干物质和粗蛋白含量，还有效降低了氨态氮、粗纤维和单宁含量，二者呈协同作用。此外，香蕉茎叶也可与禾本科牧草或秸秆进行混合青贮。有研究报道，70% 香蕉茎叶和 30% 稻草混合青贮可获得较好的适口性，且饲喂后提高了动物的生产性能。刘大欣等（2016）研究了香蕉秸秆与黑籽雀稗按一定比例混合青贮对青贮原料的发酵品质和其营养成分的影响，结果显示，黑籽雀稗与香蕉秸秆混合可以降低香蕉秸秆水分含量，减少营养成分流失，有效提高香蕉秸秆青贮品质，黑籽雀稗混合青贮比例达到 50% 时青贮效果最好。金莎等（2016）的研究分析了香蕉茎叶与柱花草混合青贮对青贮原料发酵品质的影响，结果表明，香蕉茎叶与柱花草混贮可降低香蕉茎叶初水分含量，提高柱花草可溶性碳水化合物水平，改善青贮饲料的发酵品质，当75%香蕉茎叶与25%柱花草混贮时，青贮效果最佳。

2. 青贮容器的准备

青贮容器主要有青贮窖、青贮塑料袋或其他可密封容器等。窖址应选择地势高、排水良好、周围无污染的地方，建窖要高于地下水位0.5m以上，可根据地形和原料贮量设计成圆形或长方形，窖壁要求光滑，地下、半地下式青贮窖要口大底小，内壁有一定斜度，长方形窖的四角应呈圆弧形，窖底平坦。青贮塑料袋可采用厚度0.05~0.08 mm的无毒塑料薄膜，根据需要长度剪裁，将一端加热、压实制成袋子，或选用专用青贮塑料袋，青贮塑料袋适合原料量不大时使用。

3. 青贮用微生物菌剂的准备

青贮用微生物菌剂宜选择针对香蕉茎叶青贮发酵专用的混合微生物菌剂。

4. 青贮饲料制作方法

按照青贮量、资金等条件选择相应的青贮容器和设备。青贮前应把青贮原料切碎至约1~2cm，水分含量控制在70%~75%。将混合菌粉溶入少量30~40℃温水中搅拌溶解，静置2~3h以活化菌种，然后再加清水至产品说明要求的喷施量。若是液体菌种则直接按产品说明配制到要求的喷施量。将尿素、糖蜜和食盐分别按照添加比例称重，用清水溶解后洒到米糠或者豆粕中混匀成辅料，用洁净的喷雾器将菌液喷施到混合均匀后的辅料上，边喷施边翻动，确保均匀。

将制成的辅料及菌剂混合物按添加比例加到处理好的原料中，混合均匀后的香蕉茎叶应及时装填，青贮窖要随切随装填，分层填入，每层10~20cm，使用人工或机械逐层压实，尤其要注意四边，原料要装到高出窖口，小型窖要高出0.5~0.7m，大型窖要高出0.7~1.0m，高出窖面的部分呈拱形，中间高四边低；青贮袋青贮可利用袋式灌装机将香蕉茎叶高密度地装入专用青贮袋中，层层压实。

人工装袋时要边装边用手分层压紧、压实，不能留有空隙，特别是青贮袋的底部两角。要防止装料时压破青贮袋，原料要当天装填完成。青贮窖装填完成后立即密封，先盖上塑料薄膜，再盖上30~40cm厚的湿土，保持土层厚度一致，然后拍平封严，要求窖顶中间高、四周低，便于排水。

青贮袋装满后，要密封好袋口，密封时要求仔细检查，防止漏洞和密封不严，装好的青贮袋不宜横放，以竖放为好，堆砌时要求用较厚塑料薄膜将袋子裹严，四周用重物或土压实。

青贮发酵时间为 25~30 天，时间长短与外界温度相关，温度越高，时间越短。发酵过程中随时检查，及时封住因发酵下降出现的裂缝，排出顶部积水，防止透气渗水。避光、防受热、受潮、防鼠咬。青贮袋若在发酵过程中袋内有水蒸气出现时，不可开袋放气，发酵结束后蒸汽会自然消失。

5. 青贮饲料的取料方法

青贮窖取料应从一端开始。取料面要平滑，尽可能缩小范围，不能掏心打洞，取后一定立即盖严，防止风吹、日晒、雨淋。青贮窖一经打开，应连续使用，不得长时间放置。

青贮袋打开取用，一次未喂完，应及时扎紧袋口，防止杂菌污染。取料应随取随用，以当日喂完为准，切勿取 1 次用多日。

6. 青贮饲料的饲用

只有感官检验或理化检验为中等以上的青贮料才能饲喂家畜，劣等的青贮饲料不可饲用。初喂青贮香蕉茎叶时，数量应由少到多或与精料及其他习惯性饲料混合饲喂。如家畜出现拉稀，可酌减喂量或暂停数日后再喂。当日的青贮饲料如果牲畜吃不完，要把剩余的青贮饲料从食槽中清除，绝不能饲喂过夜青贮料。喂养用量应根据家畜种类、年龄、生产水平等而定，一般不超过日粮的 50%。

7. 调制方法对香蕉茎叶青贮品质的影响

新鲜香蕉茎叶因含有单宁而具有涩味，且单宁与唾液糖蛋白形成复合物而产生收敛感，进而导致动物采食量和养分消化率下降。通过物理化学处理、添加酶制剂以及添加微生物菌种等方法对香蕉茎叶青贮前后进行加工调制可降低其中的单宁含量，显著改善青贮的品质。

利用物理方法如对新鲜的香蕉茎叶加热 5~15 分钟均可显著降低单宁含量，其中 5 分钟的效果最好，可使单宁含量降低 54%。香蕉茎叶青贮过程中添加不同浓度的石灰水和聚乙烯基吡咯烷酮也可不同程度的降低单宁含量，改善青贮品质，其中以 0.5%~1.0% 的石灰水浓度对单宁的降解效果最好。不过在梁方方等的研究中，通过在香蕉茎叶中加入尿素、糖蜜、石灰、EB复合菌液、单宁酶等添加剂后进行青贮，结果除石灰组外其他各组的单宁含量均有所降低，这可能是因为该研究中添加的石灰包括石灰沉淀物而非石灰水。

在詹滟滟等（2014）的研究中，香蕉茎与小麦麸混贮优于香蕉茎单贮，在香蕉茎与小麦麸混贮中添加不同水平的纤维素酶均能显著提高青贮品质，以添加 0.25g/kg 纤维素酶的效果最好。林筱璐等（2014）发现复合添加纤维素酶、葡聚糖酶及木聚糖酶能显著提高香蕉叶青贮品质，并且随复合添加水平升高青贮品质进一步提高。李梦楚等（2014）研究了添加不同浓度纤维素酶和甲酸对青贮香蕉茎秆饲用品质的影响，结果发现，添加 0.2g/kg 纤维素酶和 6.0g/kg 甲酸可以降低香蕉茎秆 ADF、NDF、单宁含量，改善青贮品质，并提高 DM、CP、NDF 的瘤胃降解率。

王倩等（2012）通过添加乳酸菌制剂以及联合蔗糖和尿素添加剂等对香蕉茎叶进行处理，结果表明，添加 0.1% 乳酸菌+5.0% 蔗糖处理的青贮效果最好，干物质含量显著高于其他处理，且 pH 值最低。王少曼等（2016）研究了添加产单宁酶菌株泡盛曲霉 FCYN206 对香蕉茎叶青贮品质的影响，结果显示添加泡盛曲霉 FCYN206 使 EM 菌青贮香蕉茎叶中的单宁含量降低了 4.5%，并显著改善了青贮香蕉茎叶饲料的感官品质和风味。陆健等（2016）在香蕉茎叶青贮中添加 1%~4% 的微生态制剂，结果显示添加微生物可显著提高青贮中的乳酸菌数、粗蛋白和 WSC 含量、降低 VFA 含量，且这些效果只需添加 1% 的量即可达到。黄晓亮等（2007）也曾报道，青贮时添加适量复合酶制剂和酵母菌，对香蕉茎叶的外观性状没有显著影响，但可以显著提高青贮香蕉茎叶中无氢浸出物的含量，降低香蕉茎叶中粗纤维的含量。

发酵过程中，如果乳酸在所产生的挥发性脂肪酸（VFA）中占主要地位，那么表明青贮发酵过程是比较理想的。除了乳酸菌以外，发酵过程中还有其他微生物与之相互竞争利用底物，这些微生物如果大量繁殖就会对青贮饲料品质产生不良影响。在青贮原料中加入合适的物质如蔗渣、米糠、发酵菌剂等进行混合青贮可降低香蕉茎叶的整体含水量，避免香蕉秸秆营养物质因青贮过程中随水分排出而流失，并增加 WSC 的含量，WSC 是青贮发酵过程中微生物产生乳酸的最重要底物。

☞ 四、动物饲养技术与效果 ☜

香蕉植株的每一部分（除了根）如新鲜的、熟的、辗碎或没辗碎的带皮香蕉果肉，脱水辗碎的生的或熟的香蕉皮，新鲜或青贮的香蕉茎叶，都可以用来饲喂家畜。

1. 反刍动物

香蕉果实的淀粉含量较高，一般用作动物日粮中的能量饲料。Lunsin 等（2012）用香蕉替代 18% 的木薯饲喂泌乳奶牛，结果不影响产乳量和乳成分，但提高了 OM 和 NDF 的全消化道表观消化率。在 Sukri 等（1999）的研究中，用香蕉果实替代 50% 和 75% 的精料能够显著增加公牛的日增重。脱水的香蕉渣（或粉）可作为淀粉来源用于犊牛料或代乳料的生产。香蕉叶片蛋白质含量高，香蕉假茎则含有大量的纤维，二者均可用于牛的饲料，但香蕉茎中水分含量高，高纤维，低蛋白，低能量，即使是干物质，也不能全部替代牧草等粗饲料。Foulkes（1977）报道牛对香蕉茎和叶 DM 的消化率分别可达到 65% 和 75%，尽管二者的消化率较高，但单独饲喂香蕉茎叶并不能满足肉牛的维持需要，最好能够补饲尿素或者可消化性较高的粗饲料。Reddy 等（1991）报道，晒干的整株香蕉（除香蕉果）作为唯一饲料来源饲喂肉牛，并不会对肉牛造成有害影响，但必须要补充能量和蛋白。Gohl 等（1981）认为香蕉叶可以作为反刍动物的补充料，但是随着香蕉叶添加比例的增加，消化率会逐步下降，此外，香蕉假茎也可用作反刍动物饲料，但是饲喂青贮的香蕉茎更好，因为其含有较高的可溶性碳水化合物。韦英明等（2001）研究发现青贮香蕉茎叶代替奶牛日粮中 60% 的象草，不影响泌乳量和乳中成分，但降低了饲喂成本。王明媛等（2015）比较了香蕉茎叶+4% 玉米面混合青贮，70% 香蕉茎叶+30% 稻草混贮及 70% 香蕉茎叶+30% 干蔗梢混贮对云南黄牛的生长性能及肉品质的影响，结果发现，3 种香蕉茎叶青贮饲料饲喂出的云南黄牛屠宰性能优良、肉品质良好，营养丰富，其中玉米面组肉牛育肥效最佳，饲料利用率最高，且肉品质相对最优。Rahman 等（2002）对比了香蕉茎叶青贮、香蕉茎叶青贮+10% 稻草、新鲜香蕉茎叶、稻草对公牛采食量和消化率的影响，结果显示，青贮+稻草组 DM、OM、CP、ADF 的消化率最高，且超过了 78%。Shem 等（1995）也曾报道用香蕉假茎饲喂牛其 DM 消化率可达 77%。Bermagoto（1989）用晒干的香蕉茎叶饲喂四组公牛，其中第一组不添加蛋白质补充料，其余 3 组除喂香蕉产品外，分别辅棉籽饼、干银合欢叶以及混合的棉籽饼和银合欢。结果显示，日粮中补充银合欢叶的肉牛增重最大，而不添加蛋白质补充料组的增重最低，这说明尽管香蕉叶中蛋白含量较高，但单饲喂香蕉茎叶并不能给动物提供最够的蛋白质，原因可能在于香蕉假茎虽氮含量低，但消化率高，而叶片中的蛋白质很大程度上与单宁样物质结合在一起，导致消化和利用率低。实际上，香蕉茎叶用于反刍动物饲喂的一个很大局限性在于其含有的可利用氮较少，因此饲喂时必须要补加氮源，例如尿素。Preston（1987）通过在香蕉日粮中添加棉籽饼进一步验证了这种说法，当棉籽饼添加水平从 1kg/（天·头）增加到 2kg/（天·头）时，显著增加了育肥牛的日增重。除了香蕉果实和茎叶，有研究发现，在高精料日粮（精粗比 7 : 3）中添加 2% ~ 3%

的香蕉花粉能够改善阉牛的瘤胃内环境，提高瘤胃 pH 值，促进养分消化，增加微生物蛋白合成量。另外一个研究对比了精粗比为 6:4 的奶牛日粮中添加 2% 的香蕉粉或碳酸氢钠对奶牛瘤胃发酵和乳产量的影响，结果显示二者无显著差异，香蕉粉与碳酸氢钠具有相似的缓冲能力，在中和瘤胃酸方面可以替代碳酸氢钠。

香蕉果实以及茎叶可用于羊的饲喂。Archimede 等（2010）用香蕉果实替代玉米饲喂山羊，提高了山羊的日增重。Viswanathan 等（1989）利用绵羊研究了香蕉茎秆的营养价值，研究中香蕉茎秆分别替代了日粮中 0、20%、40% 和 50% 的淡紫黍干草，饲喂 60 天后，香蕉茎秆没有对动物健康造成任何不利的影响，但日增重以较低的增速上升到 40% 之后开始下降。Marie-Magdeleine 等（2009）研究发现，香蕉茎叶和 Dichantium 干草在影响绵羊生产性能和肉质上并未显著差异，香蕉茎叶可用作绵羊的粗饲料。Poyyamozhi 等（1986）也发现，香蕉茎秆在山羊瘤胃 48h 后干物质消化率达到了 52.3%，用含 22% 香蕉茎秆的日粮饲喂山羊 45 天，结果并未显示任何不利影响。李能琴（2013）报道，山羊体内有单宁降解菌存在，因此能很好地利用香蕉叶，且用香蕉叶替代黑山羊饲料中象草的最适量为 60%。陈兴乾等（2011）研究发现，用鲜香蕉叶和青贮香蕉茎叶代替部分或全部粗饲料饲喂隆林山羊，对平均日采食量没有影响，但饲喂青贮香蕉茎叶对提高其生长性能的效果不理想，可能与其青贮品质有关。与香蕉茎叶用于肉牛饲喂的情况相同，单独饲喂香蕉茎叶或其青贮并能满足山羊的维持需要，但当与玉米、豆粕、缓释氮或其他精料一起饲喂时，香蕉茎叶青贮则可满足山羊所需干物质量的 50% 以上。据报道，与新鲜香蕉茎秆、风干香蕉茎秆相比，氨化香蕉茎秆能够提高绵羊的采食量和日增重，并使日粮的干物质消化率由 54% 提高到 69%。

2. 兔

Rohilla 等（2000）探讨了日粮中添加 0、20%、40% 和 60% 香蕉叶对兔生长性能的影响，结果显示，香蕉叶添加水平为 40% 时兔的生长速度达到最大，而 60% 添加量时降低了 DM 采食量。另有研究表明，香蕉皮粉可取代部分肉兔饲料中的玉米谷物，当取代量达到 30% 时肉兔的日增重最大。香蕉粉可作幼兔的主要日粮，但应适当补充其他饲料源，此外，香蕉粉也可以在配合饲料中广泛地使用，家兔可较好地利用日粮中的香蕉副产物，且可获得较高的经济效益。

第二节　柑橘副产物的饲料化利用

☞　一、概况　☜

　　柑橘，是橘、柑、橙、金柑、柚和枳等的总称。中国是柑橘的重要原产地之一，柑橘资源丰富，优良品种繁多，有 4000 多年的栽培历史。中国柑橘分布在北纬 16°~37°，海拔最高达 2 600m（四川巴塘），南起海南省的三亚市，北至陕、甘、豫，东起台湾省，西到西藏的雅鲁藏布江河谷。但中国柑橘的经济栽培区主要集中在北纬 20°~33°，海拔 700~1 000m 以下。全国生产柑橘包括台湾省在内有 19 个省（市、区），其中主产柑橘的有浙江、福建、湖南、四川、广西、湖北、广东、江西、重庆和台湾等 10 个省（区、市），其次是上海、贵州、云南、江苏等省（市），陕西、河南、海南、安徽和甘肃等省也有种植，全国种植柑橘的县（市、区）有 985 个。

　　柑橘是世界第一大水果，在世界 140 多个国家和地区都有栽培，但主要集中在巴西、中国、美国以及地中海沿岸的国家。根据 FAO 统计，近几年全球柑橘产量约 1.3 亿~1.5 亿 t，有 2/3 的柑橘产于北半球，1/3 的柑橘产于南半球。2015 年全球柑橘产量已达 1.5 亿 t，柑橘及其制成品国际年贸易额为 300 亿美元，是仅次于小麦、玉米的第三大国际贸易农产品。

　　我国柑橘栽培面积 3 400 万亩，占全球的 30% 左右，产量 3 500 万 t，占全球的 26% 左右，不论是栽培面积还是总产量均居世界首位，平均亩产与世界平均亩产相比较差距也不断缩小，柑橘产业正在由生产大国向生产强国迈进。据中国统计年鉴数据，2014 年我国柑橘总产量 3 492.7 万 t，其中主要产区广东省 472.3 万 t、广西壮族自治区 472.2 万 t、湖南省 438.5 万 t、湖北省 437.1 万 t、江西省 382.5 万 t、福建省 346.0 万 t、四川省 360.4 万 t、重庆市 207.2 万 t、浙江省 200.9 万 t 和陕西省 50.7 万 t。

　　我国柑橘以鲜食为主，加工仅占 10% 左右，主要加工产品是橘片罐头和柑橘果汁。湖南是我国柑橘工业大省，上规模的柑橘加工企业有 29 家，国内最大的柑橘罐头加工厂（湖南熙可食品有限公司）和果汁加工厂（汇源集团有限公司）均在湖南。近年来，国家对柑橘工业越来越重视，建立了较完善的柑橘加工技术研发和质量安全监督体系，有柑橘资源综合利用国家地方联合工程实验室、国家柑橘加工产业技术创新战略联盟、国家柑橘工程技术研究中心、农业部柑橘及苗木质量安全监督检验中心（重庆）、农业部柑橘质量安全监督检验中心（长沙）、3 个国家柑橘加工技术研发专业中心（湖南、重庆和浙江）等，为我国柑橘加工产业的持续发展提供了强大科技支撑。

柑橘皮渣是柑橘工业的副产品，占柑橘总重的 40%~60%。目前，皮渣的处理已经成为国内柑橘加工企业的头号难题。全国每年产生皮渣 1 000 多万 t，内含果胶 13 万 t、香精油 3 万 t、类黄酮 1 万 t，总价值高达 350 亿~400 亿元。除少量用于陈皮（凉果）等加工外，基本上没有利用，无论是掩埋还是焚烧，不仅污染生态环境，而且也是资源的大量浪费。随着柑橘工业的发展，解决好柑橘皮渣的综合利用问题迫在眉睫。

近年来，欧美和日本等发达国家为了提高原料综合利用率、降低成本、提高附加值，相继从柑橘果品中分离提取出许多功能性成分，开发系列高附加值产品，用于食品、化工、保健品和化妆品等领域，如果胶、香精油、膳食纤维、生育酚、类黄酮、柠檬苦素、酒精、饲料等产品。但国内在柑橘类果皮的生理活性成分研究方面还处于起步阶段。近期我国在柑橘皮渣综合利用方面取得了较大进步：①对柑橘皮渣的再利用进行了研究，研制出连续提取出柑橘香精油、果胶、橙皮苷工艺。②完成柑橘类黄酮的分离、结构鉴定、化学修饰及生物活性研究，为保健食品、功能食品添加剂的开发提供功能因子，为医药开发提供优质而低成本的先导化合物。③完成了 5 种类黄酮及其衍生物的合成及其生物活性研究，寻找到 2 种具有抗肿瘤活性和抗骨质疏松活性的化合物。④开发了柑橘皮渣起云剂。⑤研制出柑橘皮渣青贮饲料、发酵饲料等系列饲料产品和饲料添加剂。

柑橘　　　　　　　　　　　干燥柑橘渣

综上所述，我国柑橘资源丰富，柑橘皮渣资源每年大约有 1 000 万 t 的产量。目前国外对柑橘工业的皮渣副产物实现了全利用，已开发出 30 多种产品，成为生产企业新的经济增长点。近年来，国内柑橘罐头和果汁加工企业均已着手进行皮渣的综合利用产业化开发，提高了产品的附加值，柑橘渣资源有望成为我国饲料工业原料的一个潜在的有重大开发前景的饲料资源。

☞ 二、营养价值 ☜

柑橘加工制品多达 1 000 种，柑橘渣是柑橘加工业的主要副产物。据研究，从汁类压榨生产中可获得约 50% 的柑橘渣，罐头加工中可获大约 25% 的柑橘皮，这些副产品按含水量为 70%~80% 计，可获得大量干物质。目前我国每年的鲜柑橘皮渣资源每年大约有 1 000 万 t 的产量，换算成干物质每年大约有干柑橘渣资源 200 万~300 万 t。

1. 柑橘渣的营养组成

柑橘渣主要由柑橘皮（60%~65%）、丝穰碎屑（30%~35%）和种子（0~10%）等组成。近年来，四川省畜牧科学研究院对不同产地、不同品种、不同加工工艺的柑橘渣营养成分进行了分析（表5-2）。结合不同研究者的测定结果，风干后的柑橘渣常规饲料养分范围为：总能 15.50~16.28MJ/kg、干物质 88.03%~92.16%、粗蛋白质 5.50%~8.62%、粗纤维 12.10%~15.15%、粗脂肪 2.10%~3.20%、无氮浸出物 58.32%~64.84%、钙 1.03%~3.07%、磷 0.10%~0.25%，中性洗涤纤维 18.12%~22.54%、酸性洗涤纤维 13.80%~18.25%、木质素 1.89%~2.68%。

表5-2　不同柑橘渣样品常规营养成分的测定结果

项目	柑橘渣 1	柑橘渣 2	柑橘渣 3	柑橘渣 4	柑橘渣 5	柑橘渣 6
总能（MJ/kg）	15.50	15.57	15.97	15.77	15.70	15.82
干物质（%）	91.25	90.53	90.06	92.14	89.30	88.36
粗蛋白（%）	5.13	5.79	6.42	6.28	6.30	6.87
粗脂肪（%）	4.06	3.75	3.45	4.25	2.20	2.68
粗灰分（%）	2.64	3.12	2.87	3.54	6.30	7.45
钙（%）	1.03	1.12	0.89	0.95	1.15	2.56
磷（%）	0.12	0.14	0.10	0.13	0.09	0.15
粗纤维（%）	15.15	14.68	13.54	12.87	12.10	12.98
无氮浸出物（%）	64.27	63.19	63.78	65.20	62.40	58.38
中性洗涤纤维（%）	21.57	20.98	19.65	18.12	19.30	22.54
酸性洗涤纤维（%）	18.25	17.38	16.38	16.35	13.80	16.57
酸性木质素（%）	2.21	1.99	2.04	1.89	2.50	2.68

注：四川省畜牧科学研究院对不同产地、不同品种、不同批次柑橘渣部分样品测定结果

　　柑橘渣因产地、品种和加工工艺的不同，常规营养成分会略有差异，但是从目前众多的研究来看，柑橘渣粗蛋白质含量约为 5.50%~8.62%，粗纤维含量为 12.10%~15.15%，按照国际饲料原料分类标准来看，柑橘渣属于能量饲料。尽管柑橘渣粗蛋白质含量不高，但是无氮浸出物含量高（58.32%~64.84%），总能较高（15.50~16.28MJ/kg），同时粗纤维含量较低，特别是酸性木质素含量非常低，从营养组成来分析，柑橘渣可消化性强、能值高，是玉米、麦麸和次粉等能量饲料的潜在替代原料。

表 5-3　柑橘渣氨基酸组成分析结果

氨基酸名称	含量（%）	氨基酸名称	含量（%）
天门冬氨酸	0.44±0.06	异亮氨酸	0.15±0.03
苏氨酸	0.31±0.04	亮氨酸	0.32±0.14
丝氨酸	0.40±0.05	酪氨酸	0.44±0.02
谷氨酸	0.55±0.11	苯丙氨酸	0.33±0.04
甘氨酸	0.33±0.08	赖氨酸	0.48±0.12
丙氨酸	0.25±0.06	组氨酸	0.35±0.07
胱氨酸	0.09±0.02	精氨酸	0.23±0.05
缬氨酸	0.26±0.02	脯氨酸	0.35±0.06
蛋氨酸	0.06±0.03	氨基酸总量	5.495±0.13

注：四川省畜牧科学研究院对南充佳美果汁有限公司样品测定结果

　　柑橘渣粗蛋白质含量较低，但是氨基酸组成较全面（表 5-3），其氨基酸总量为 5.495%，从氨基酸组成比例来看，赖氨酸为 0.48%，蛋氨酸为 0.06%，氨基酸组成不平衡，因此在动物饲料中使用柑橘渣时，要注意补充合成氨基酸。经过发酵等加工工艺可提高柑橘渣氨基酸含量，钟良琴（2010）等报道，柑橘渣发酵饲料的 17 种氨基酸含量都有显著提高，天门冬氨酸、缬氨酸、苏氨酸、蛋氨酸、亮氨酸、丝氨酸和异亮氨酸增长最显著，提高率超过 100%，但赖氨酸的增长不明显。赵蕾等（2008）测出发酵柑橘渣 16 种氨基酸含量都有所增加，总氨基酸含量分别从 7.59% 增加到 10.84%，必需氨基酸含量增加 49.72%，非必需氨基酸增加 41.18%，其中赖氨酸增加 80%，蛋氨酸增加 41.67%，苏氨酸增加 82.76%。钟良琴等（2010）报道了不同处理方式的柑橘渣氨基酸分析结果（表 5-4）。

表 5-4　不同处理柑橘渣中氨基酸含量　　　　　　　　（单位：%）

氨基酸	未处理柑橘渣	浸泡压榨柑橘渣	发酵柑橘渣	风干柑橘皮渣
天冬氨酸	0.88	0.61	0.72	0.44
苏氨酸	0.2	0.27	0.36	0.29
丝氨酸	0.28	0.3	0.39	0.37
谷氨酸	0.63	0.72	0.94	0.94
甘氨酸	0.32	0.39	0.48	0.69
丙氨酸	0.33	0.38	0.48	0.26
胱氨酸	0.05	0.05	0.06	
缬氨酸	0.33	0.41	0.5	0.21
异亮氨酸	0.27	0.33	0.47	0.14
亮氨酸	0.43	0.56	0.7	0.18
酪氨酸	0.2	0.28	0.36	0.43
苯丙氨酸	0.29	0.33	0.4	0.21
赖氨酸	0.35	0.41	0.5	0.48
组氨酸	0.12	0.14	0.17	0.34
精氨酸	0.38	0.34	0.42	0.23
脯氨酸	0.78	0.29	0.33	0.64

　　柑橘的皮、脉络和核含有铁、锰和锌等多种微量矿物质元素。据分析，柑橘渣含铜 3.72mg/kg、铁 49.7mg/kg、锌 1.62mg/kg、锰 8.75mg/kg、碘 0.07mg/kg。柑橘渣中含有丰富的维生素，柑橘渣发酵后维生素 E、烟酸和维生素 B_2 含量显著增加。刘树立等（2008）测的橘皮渣发酵饲料维生素 C 含量为 2.98mg/kg。程建华等（1999）采用高效液相色谱仪和荧光分析仪测定橘渣中主要维生素含量（表 5-5）。

表 5-5　不同处理柑橘渣维生素含量　　　　　　　　（单位：mg/kg）

柑橘渣	维生素 A 前体	维生素 E	烟酸	维生素 B_1	维生素 B_2
未处理橘渣	113.11	239.59	429.1	2.5	3.7
浸泡压榨渣	33.47	282.59	639	0.6	4.2
发酵渣	46.14	311.5	913.6	1.7	7.9

　　美国（NRC）、法国（INRA）和美国饲料周刊（Feedstuffs）等国外数据

库也提供了柑橘渣的相关营养成分。美国（NRC）发布的干柑橘渣的干物质、粗蛋白质、粗脂肪、粗纤维、中性洗涤纤维、酸性洗涤纤维、木质素、粗灰分、钙和磷分别为 91.0%、6.70%、4.90%、13.00%、24.20%、21.00%、0.90%、7.20%、1.84%和0.12%。法国（INRA）发布的柑橘渣数据最全面，干柑橘渣的干物质、粗蛋白质、粗脂肪、粗纤维、中性洗涤纤维、酸性洗涤纤维、木质素、淀粉、总糖、总能、粗灰分、钙和磷分别为 89.3%±1.3%、6.3%±0.6%、2.2%±0.7%、12.1%±0.9%、19.3%±2.4%、13.8%±1.7%、2.5%±2.6%、2.9%±2.1%、20.3%±3.7%、15.7%±0.4%、6.3%±0.6%、1.52%±0.25%、0.09%±0.02%；金属矿物元素锰、锌、铜、铁、钴、钼和碘分别为 7mg/kg、12mg/kg、3mg/kg、71mg/kg、0.14mg/kg、0.19mg/kg 和 0.09mg/kg。

美国饲料周刊（Feedstuffs，2010）也发布了鲜柑橘渣、干柑橘渣和青贮柑橘渣的营养成分（表5-6）。

表 5-6　Feedstuffs 不同处理柑橘渣营养组成（2010）　　　　　（单位:%）

	DM	CP	EE	CF	ADF	Ash	Ca	P
鲜柑橘渣	18.0	7.3	9.7	15.6	20	7.7	3.7	—
干柑橘渣	91.0	6.7	3.7	12.7	22	6.6	1.84	0.12
青贮柑橘渣	21.0	7.3	9.7	15.6	25	5.5	2.04	0.15

柑橘皮渣中也含有大量的功能性物质，柑橘皮中含丰富的香精油，约为果皮鲜重的 0.5%~2%，占整个果皮干重20%~30%的果胶，还有以橙皮苷、柚皮苷、新橙皮苷、多酚为主的黄酮类物质，同时还含有以柠檬烯为代表的具有抗菌、抗炎作用的橘皮精油。黄寿恩等（2014）对柑橘皮中的抗氧化物质含量进行了测定，其结果显示，新鲜柑橘皮（水分含量72.7%）中多酚、黄酮含量分别为 49.60g/kg 和 4.91g/kg。另外，柑橘渣还含有脂溶性的类胡萝卜素和水溶性的黄色色素两种天然色素，可以增加禽肉和禽蛋产品品质。

柑橘渣也含有柚皮苷和柠檬苦素等苦味物质影响其适口性，这也限制了其在饲料中的大量使用。杨飞云等（2012）报道柑橘苦味物质主要有两大类：一类是柠檬苦素类似物，系高度氧化的四环三菇类植物次生代谢产物，在柑橘中含量非常丰富，迄今为止已发现390多种柠檬苦素类似物，其代表物质是柠檬苦素和诺米林素；另一类是类黄酮类物质，具有 C6-C3-C6 结构的酚类化合物的总称，是色原酮或色原烷的衍生物，其代表物质是柚皮苷。除柚皮苷之外，引起柑橘苦味的类黄酮类物质还有橙皮苷、新橙皮苷和枸橘苷等。柑橘苦味物质含量受多种因素的影响，主要包括品种、部位和成熟度等。大量试验证明，不同柑橘品种的苦味物质含量存在显著差异，刘亮等（2007）测定了6个柑橘品种的柠檬苦素和诺米林素含量，发现酸橙的两种苦味物质含量最高，为1.942mg/g，而蜜柑的含量最低，不到酸橙的一半，仅为0.87mg/g。同一品种不同组织间的苦味物质含量也存在差异，研究发现，类柠檬苦素以种子中含量最高，果皮次之，而果汁中含量最低。此外，柑橘苦味物质含量还受到柑橘果实的成熟度、贮藏时间和温度以及检测技术等因素的影响。据姚焰础等（2011）报道，重庆三峡库区柑橘渣鲜渣中柚皮苷含量2.18mg/g和柠檬苦素77.09mg/g，风干柑橘渣中柚皮苷含量12.21mg/g和柠檬苦素431.14mg/g。目前，有关柑橘皮渣饲料的脱苦技术研究仍鲜见报道。程建华等（1999）报道，鲜柑橘皮经过浸泡压榨和发酵后，柚皮苷和柠檬苦素含量显著降低，其中柚皮苷含量由2.36mg/g降低到0.957mg/g和0.751mg/g；柠檬苦素含量由0.218mg/g降低到0.1661mg/g和0.14mg/g。姚焰础等（2011）研究发现鲜柑橘渣经3个月青贮后，柚皮苷含量由12.2mg/g降至6.86mg/g，而柠檬苦素含量由431mg/g降至277mg/g。由此可见，浸泡压榨或利用微生物发酵均可显著降低柑橘渣饲料中的苦味物质含量，提高适口性。

2. 柑橘渣营养成分的可消化性

目前，国内对柑橘渣营养成分的可消化性研究较少，2012年四川省畜牧科学研究院选择6只新西兰兔（体重2.0±0.2kg，公母各半）进行消化试验，采用全收粪法结合替代法对柑橘渣的营养成分消化指标进行测定，测定结果见表5-7。柑橘渣能量、干物质和粗蛋白质的消化率都在70%以上，无氮浸出物的消化率则高达83.3%，粗纤维、中性洗涤纤维和酸性洗涤纤维的消化率也在30%以上，可见柑橘渣是容易消化吸收的原料，是消化能较高的原料。

表5-7 柑橘渣营养成分及消化率（兔） （单位：MJ/kg,%）

	GE	DM	CP	NFE	CF	NDF	ADF
组成	15.20	90.06	6.82	62.98	14.04	19.85	15.83
消化率	72.5±0.6	76.3±5.7	70.7±4.3	83.3±2.0	38.9±6.1	42.2±6.6	33.4±5.9

目前，国内柑橘渣在牛、羊、猪、鸡等动物上的消化率还未见报道。美国（NRC）、法国（INRA）和美国饲料周刊（Feedstuffs）等国外数据库发布了部分柑橘渣的消化数据。例如，美国饲料周刊（Feedstuffs）发布了柑橘渣在奶

牛方面的消化数据（表5-8）。美国（NRC）发布了干柑橘渣在奶牛、肉牛和羊方面的消化数据（表5-9）。法国（INRA）发布的柑橘渣在反刍动物方面的消化数据，其中能量消化率为84%、有机物的消化率为88%、氮的消化率为68%和脂肪的消化率为65%。

表 5-8　Feedstuffs 不同处理柑橘渣可消化性数据 （2010）

（单位:%，Mcal/kg）

	DM	TDN	NEI	NEm	NEg
鲜柑橘渣	18.0	78.0	1.78	1.89	1.26
干柑橘渣	91.0	77.0	1.76	1.87	1.21
青贮柑橘渣	21.0	78.0	1.78	1.89	1.26

表 5-9　美国 （NRC） 干柑橘渣可消化性数据 （单位:%，Mcal/kg）

	DE	ME	TDN	NEI	NEm	NEg
肉牛	3.62	2.97	77.0	—	2.00	1.35
奶牛	3.40	2.98	77.0	1.77	1.86	1.22
羊	3.70	3.04	84.0	—	2.06	1.40

　　由以上各表可知，柑橘渣无论是在肉牛、奶牛，还是羊和兔上，总可消化养分的消化率都在70%以上，可见柑橘渣的可消化性非常好。

　　综上所述，柑橘渣无氮浸出物、总能含量高，酸性木质素含量低，氨基酸组成全面，可消化性好，但粗蛋白质和总磷含量低，水分、粗纤维和苦味物质含量高，作为潜在的饲料资源，经过适当处理可以大量开发作畜禽能量饲料。

☞　三、加工利用技术 ☜

　　柑橘渣营养丰富，通过适当的加工可以成为动物的饲料资源。目前，柑橘渣作为饲料主要有4种利用方式，即新鲜柑橘渣饲料、干燥柑橘渣饲料、青贮柑橘渣和发酵柑橘渣饲料。因为新鲜柑橘渣饲料的应用受到地域和季节的限制，所以在生产中应用的主要是干燥柑橘渣、青贮柑橘渣和发酵柑橘渣。

　　1. 干燥制粒

　　干燥柑橘皮渣是直接或间接将柑橘皮渣中的水分含量降低到12%左右，可采用自然晾晒和机械烘干两种方法干燥。自然晾晒法系采用"有日则晒、无日则贮"的生产方式，天气晴朗时将鲜柑橘渣晾晒至水分约12%，然后粉碎。该法简单易行，设备投资少，但规模有限，且产品质量不稳定，不利于大面积推广应用。

柑橘渣加工工艺流程

机械烘干干燥法是将鲜柑橘渣切碎（粉碎）成 0.3~0.6cm 的颗粒，加入 0.2%~0.5% 的石灰粉，混合反应至颜色变成淡灰色后，或经压榨、回添浓缩糖浆或不经压榨，干燥至含水量低于 12% 时冷却、粉碎。该法工艺复杂，能量消耗大，生产成本高，但产品质量好，适合规模化生产。另外，柑橘皮渣干燥过程中使用有机溶剂对其适当脱油、脱色，可改善产品适口性及外观。这种方法在美国佛罗里达、巴西等柑橘加工业发达的地区和国家被广泛采用，仅巴西每年出口欧盟的柑橘渣颗粒就上百万吨，美国每年也有约 70 万 t。

尽管干燥后柑橘渣达到规模化生产，保质期可以大幅延长，与鲜柑橘渣相比，体积大幅度缩小，运输相对比较方便。但是干燥的柑橘渣体积与其他饲料原料相比，依然存在形态蓬松、体积大、重量轻、密度小和风尘大的缺点，长距离运输成本相对还是偏高；同时干燥的柑橘渣颗粒极易吸水，贮存过程中应防止吸潮变质。为此，四川省畜牧科学研究院研究了柑橘渣颗粒化技术方案，该方案先将干燥后的柑橘渣进行粉碎，粉碎机的筛片为 4~5mm；为了提高柑橘渣的黏结性和制粒效率，于粉碎后的柑橘渣中添加 1% 的膨润土，然后混合

· 108 ·

均匀；将混合均匀的柑橘渣和膨润土混合物用饲料环模制粒机进行干法制粒，环模孔径建议为 5~8mm，环模压缩比 1∶（4~8）；生产厂家可以根据每日鲜柑橘渣产量选择不同功率的环模颗粒机。

经过干法制粒的柑橘渣，体积大大缩小，吸潮性也显著降低，节省了运输成本，便于长距离运输，给柑橘渣的大范围应用提供了方便。

2. 青贮

青贮也是柑橘渣加工处理的重要方法之一。鲜柑橘渣的水分高达 80% 左右，容易发生霉变，特别是在南方高温高湿的气候特点，长期存储困难，与此同时，柑橘渣的生产具有明显的季节性和地域性，单靠鲜喂限制了柑橘渣的大量应用。应用青贮技术可以减少柑橘渣营养损失，提高营养价值，延长保存时间，可以做到常年均衡供应，提高柑橘渣适口性，增加采食量等。在柑橘渣青贮中需要注意几个问题：一是要对柑橘渣进行粉碎，便于压实，创造厌氧环境，防止空气渗入，造成发霉；二是青贮原料中必须有一定的含糖量，而柑橘渣含糖量不高，所以柑橘渣不适宜单独青贮，需要和其他原料搭配青贮，一般柑橘渣青贮适宜加入一定的玉米粉、麦麸、酒糟和乳酸菌等；三是注意柑橘渣的水分，与其他原料共同青贮时，混合料的水分控制在 65%~75%，水分不够时，加入一定的清水或掺入水分多的青绿多汁饲料；四是柑橘渣蛋白质含量不高，在青贮时适当加入一定量尿素或无水氮等氮化物，通过微生物的利用形成菌体蛋白，提高青贮料的粗蛋白质含量，饲喂反刍动物有良好的效果。

下面介绍两个青贮柑橘渣的技术方案：国家肉牛产业技术体系的"玉米芯与柑橘渣的平坝混合贮藏技术"和重庆畜牧科学院姚焰础（2012）等推荐的柑橘渣青贮配方及青贮法。

国家肉牛产业技术体系研究开发了玉米芯与柑橘渣的平坝混合贮藏技术，其技术要点如下。

（1）贮藏材料的准备

柑橘渣：选择无霉变、无异味、无杂质柑橘渣。

玉米芯：选择质量良好、无霉变的玉米芯，用粉碎机将玉米芯粉碎为 1cm 左右的小块备用。

乳酸菌：由植物乳酸杆菌、乳酸片球菌、细菌生长促进剂及载体等多种成分组成，活菌数大于等于 1 亿 cfu/g。

玉米：由于玉米芯和柑橘渣含糖量低，需要添加粉碎过 40 目的玉米粉提高青贮含糖量。

尿素：尿素为乳酸菌生长繁殖提供充足的氮源。

（2）贮藏方式　根据当地的实际条件选择青贮窖、青贮塔等，若无青贮设备，可选择在地势高、干燥、靠墙、有一定倾斜度（便于排水）、离河渠、池塘、粪池等较远，离饲养场较近的地方。

（3）贮藏方法

选址：选择离牛场近、高燥的水泥平地，将地面打扫干净，特别是小石块、玻璃片等，防止戳破塑料膜。在地上铺 2 层厚实的聚乙烯塑料膜，将玉米芯、柑橘渣、尿素、玉米粉和乳酸菌（与清水混合均匀后喷洒）按 40∶60∶0.30∶7.27∶0.0015 的比例混合均匀，根据所需青贮量来确定原料的实际添加量。在混匀的过程中均匀喷洒一定量的清水，保证青贮料水分含量在 65%～75%。确定水分含量的方法：将青贮料一把紧握在手里，有水珠流到指缝，但不滴落下来，将手松开后青贮料会松散开。

装填：在塑料膜的另一侧靠墙处将混合均匀的料装填，每次填入约 20cm厚，用人力或机械充分踩踏压实，以后如前重复操作，直至原料全部装填为止。

密封：将另外 2 层厚实的聚乙烯塑料膜覆盖在青贮料上，并踩踏塑料膜压实青贮料排出空气。将边角的塑料膜用重物压实密封，如有泥土再覆盖 30cm厚的泥土，若无泥土，可将重物覆盖在上面。

（4）日常管理　定时检查塑料膜有无裂缝，或是否被老鼠等动物咬破，随时加以修复防止空气投入或雨水渗入。

（5）取用　柑橘渣、玉米芯混合青贮料经过 30 天（冬天可适当延长）发酵后即可饲喂动物。取用时将塑料膜打开一个小口，优质的柑橘渣玉米芯混合青贮料呈橙黄色，并散发出浓郁的酸香味，是动物喜欢采食的饲料。注意取用时不要用铁铲，避免将地上的塑料膜戳破，空气进入，若有黑褐色发霉变质的青贮料，必须清除。取用时间尽可能短，每次取用之后，必须马上密封。

（6）注意事项　饲喂青贮料时采用逐渐过渡的方法，让动物有个适应的过程，最初饲喂少量，之后每天逐渐添加，并于 7 天左右时间达到预期饲喂量。青贮混合料与精料搅拌均匀以期饲喂效果更好。夏季温度较高，太阳辐射后，混合青贮料在密封的环境中发酵导致温度高达 60℃ 以上，混合青贮料取出后在饲喂动物之前需冷却 10 分钟左右。

重庆畜牧科学院姚焰础（2012）等研究了 4 个柑橘渣青贮配方并分别制作柑橘渣青贮饲料，评定了不同配方青贮柑橘渣的 pH 值、感官品质和营养物质含量，试验结果综合青贮柑橘渣的 pH 值、感官品质和营养物质含量，推荐的柑橘渣青贮的适宜配方为：鲜柑橘渣 75.9%、麦麸 15%、酒糟 8%、添加剂

A 0.5%、添加剂 B 0.5%、添加剂 C 0.1%。方法为将新鲜柑橘渣粉碎，按柑橘渣青贮配方将新鲜柑橘渣与其他原料混合均匀，装入水泥窖中，一层层充分压实，上面用塑料薄膜密封，青贮 90 天。

3. 发酵

鲜柑橘渣含大量果胶、纤维素和半纤维素等碳水化合物，可作为相对较好的发酵基质，为微生物发酵提供营养。发酵柑橘渣系鲜渣经过某些特定微生物发酵而得的，通常只要菌种选择适当和发酵方法适宜，柑橘渣的营养价值都会有很大改善或提高。利用微生物发酵处理柑橘皮渣已有很久的历史，早在 1942 年 Nolte 等就谈到可用柑橘皮壳榨出液生产酵母。但是，目前国外很少研究发酵柑橘渣用作畜禽饲料，柑橘渣主要是直接干燥生产果渣饲料，虽然技术简单，但产品中蛋白质含量低，维生素的含量和种类也远比发酵饲料低和少，营养价值显著低于发酵和青贮柑橘渣。同时生产干柑橘渣也需要消耗大量能源，在美国和巴西等能源价格较低的国家生产干柑橘渣是非常经济的，但是在我国这样的能源缺乏、成本相对较高的国家来说生产干柑橘渣不一定经济。然而，像我国部分中西部能源价格便宜，生产柑橘渣也是有利的。

在国内，西南大学柑橘研究所最早开始研究柑橘渣发酵饲料，对柑橘渣的发酵菌种与方法、营养价值评定及其在动物生产中的应用开展了系列研究，取得了不少科研成果。随后，其他科研工作者相继围绕柑橘渣的发酵及其在畜禽上的应用技术进行了探索。因发酵菌种、辅料及发酵工艺的不同，柑橘皮渣发酵饲料的营养成分差异较大，据其营养特点主要可归纳为能量饲料和蛋白饲料两大类。发酵柑橘渣含有较多的无氮浸出物和蛋白质，热能值也高，可用作草食动物饲料，替代部分玉米、麦麸和次粉等能量饲料。

通过微生物发酵，柑橘渣营养价值显著提高，尤其是蛋白质显著提高。焦必林（1992）等和吴厚玖（1997）等采用黑曲霉和热带假丝酵母混合发酵柑橘渣 3~4 天后，柑橘渣的粗蛋白提高了 50% 以上，但氨基酸、矿物质和维生素的含量更为丰富。刘树立（2008）报道以白地霉、宇佐美曲霉和产朊假丝酵母为发酵菌种组合，按 1∶1∶1 比例接种 20%，并添加 20% 麸皮发酵 4 天后，发酵柑橘渣的营养价值改善明显，其中粗蛋白提高 81.6%，粗脂肪提高 26.1%，粗纤维下降 40.0%。赵蕾（2008）等研究发现，在夏橙皮渣中添加 15% 麦麸、4% 统糠和 2% 尿素，以产朊假丝酵母、黑曲霉和里氏木霉为混合发酵菌种，按 1∶1∶1 比例接种 8%，培养 3 天后，粗蛋白达 34.6%，真蛋白提高了 33.6%，总氨基酸含量提高了 42.8%，赖氨酸提高了 80.0%，蛋氨酸提高了 41.7%，苏氨酸提高了 82.8%。李赤翎（2009）等给柑橘渣接种酵母菌进行固态发酵试验，研究结果显示，当酵母菌的接种量为3%时，柑橘渣中酵母菌数量达到9.26亿/g，粗蛋白质的含量由发酵前的8.17%增加到28.06%。由此可见，发酵柑橘渣可作为草食动物蛋白质饲料利用。

☞ 四、动物饲养技术与效果 ☜

1. 柑橘渣在牛上的饲喂研究

大量研究表明，在牛日粮中添加柑橘渣可以影响瘤胃发酵。Assis（2004）等用柑橘渣以33%、67%和100%的比例替代全混合日粮中的玉米饲喂平均体重550kg、日均产奶量20kg的荷斯坦奶牛，研究结果显示，各处理间的瘤胃pH值、氨气浓度和养分消化率差异不显著。Villarreal（2006）等将平均体重为324kg的肉牛随机分成3组，2个试验组日粮中分别添加1.25和2.5kg/（头·天）柑橘渣颗粒饲料，研究结果显示，柑橘渣的添加使牧草采食量降低的同时总能摄入增加，并且日粮总的干物质和有机物消化率随着柑橘渣的添加呈线性增加。以上研究结果表明，在牛日粮中添加柑橘渣，在降低VFA产量同时不影响干物质的消化率，提高瘤胃pH值，降低瘤胃氨浓度，增加乙酸丙酸比。添加柑橘渣引起的这些变化有助于维持瘤胃内环境的稳态，降低瘤胃酸中毒的风险，对牛日粮应用非蛋白氮易引起的氨中毒起到一定的调控预防作用，增加乳脂率，改善乳品质。

柑橘渣含有丰富的可消化粗纤维，能为牛提供大量能量，可部分或完全替代牛饲粮中的玉米等谷物饲料，同时柑橘渣富含多种功能养分，可刺激食欲，提高采食量并增加养分消化率。国外学者在柑橘渣代替奶牛日粮中的能量饲料或全混合饲粮的比例方面做了大量的研究，但国外主要用的是干燥柑橘渣或柑橘渣颗粒。Schalch（2001）等用柑橘渣替代玉米粉饲喂奶牛犊，4个处理组的柑橘渣添加量分别为0、15%、30%和45%，研究结果显示，各处理组间的平均日增重、干物质采食量、饲料转化率、胃室的体积和重量、瘤胃乳头、瘤胃pH值、腹泻发生率、肩隆高和心脏周长均没有显著差异。Ahooei（2011）等研究发现，在育肥肉牛日粮中同时添加柑橘渣和尿素可以提高肉牛的干物质采食量、饲料转化率和平均日增重，并且可以提高营养物质的表观消化率。Miron（2002）等用占日粮11%的柑橘渣代替等量的玉米，采用全混合日粮饲喂，结果表明，用柑橘渣代替玉米能提高饲料转化成牛奶的效率。Anderson等用柑橘渣分别代替0、33%、67%和100%的玉米，采用全混合日粮饲喂的方法，结果表明，用柑橘渣代替日粮中100%的玉米，不影响产奶性能，但是全混合日粮中每增加1%的柑橘渣，粗脂肪的摄入量就下降0.47g。Rossi报道，柑橘渣含有大量的可消化粗纤维，能为肉牛生长提供大量的能量，能降低酸中毒和胀气发生的概率，犊牛饲料中柑橘渣的添加量以不超过 40% 为宜，水牛饲喂柑橘渣，则需额外添加蛋白质饲料，而旱牛则不需要额外添加，只需要干草中粗蛋白含量不低于 8%。Fentress 等研究表明，用柑橘渣代替玉米，加以适量的高蛋白原料，肉牛育肥效果没有明显的差异，由于柑橘渣的钙、磷不平衡，当柑橘渣的添加量较大时，还要注意日粮的钙、磷平衡。

目前，国内关于柑橘渣的应用研究集中发酵或青贮柑橘渣方面。吴厚玖（1997）等采用发酵柑橘渣饲喂奶牛发现，饲喂第 2 天开始，奶牛产奶量增加，结束饲喂后仍然能持续一个星期的高产，且奶牛皮毛变亮，免疫力得到不同程度的增强。姚焰础（2013）等研究了青贮柑橘渣对奶牛产奶量、乳成分及饲料成本的影响，结果表明，饲粮中添加青贮柑橘渣有提高奶牛产奶量和乳脂率的趋势，9kg 青贮柑橘渣代替 3kg 混合精料能降低奶牛饲料成本 24.51%。张石蕊（2007）等在全混合饲粮中每头每天添加 200g 柑橘渣，显著提高了奶牛干物质采食量、4% 标准奶产量、乳脂率和乳固形物率，并显著改善了养分表观消化率。柑橘皮渣营养全面，并含有抗氧化作用的黄酮类化合物（旷春桃和刘慎，2005），可促进奶牛对碳水化合物的利用和乳脂转化，提高乳脂率和乳脂产量，改善乳成分。

2. 柑橘渣在羊上的饲喂研究

研究表明，羊饲粮添加柑橘渣对瘤胃发酵有显著影响。Piquer（2012）等用 13%、26%、39% 全柑橘和含有 39% 的柑橘渣替代谷物饲喂装有瘤胃瘘管的羊，研究其对瘤胃参数的影响，研究结果显示，全柑橘的含量每增加 10%，pH 值增加 0.05，VFA 降低 2.31mmol/L，氨态氮的含量降低 0.61mmol/L；当全柑橘渣的添加水平从 0 到 39%，乙酸的浓度从 0.61mmol/mmoL 增加到 0.66mmol/mmoL，丙酸的浓度从 0.20mmol/mmoL 降低到 0.18mmol/mmoL，添加全柑橘和柑橘渣之间差异不显著。Hernandez（2012）等通过体外实验研究柑橘渣在全混合日粮中的添加水平（0、10%、20%、30%）对山羊瘤胃发酵的影响，研究结果显示，当柑橘渣在全混合日粮中比例为 20% 和 30%，瘤胃产气量达到最大；体外有机物和干物质的消化率随着柑橘渣添加水平的提高呈线性增加；当柑橘渣的添加水平达到 30% 时，短链脂肪酸和代谢能达到最大值；各处理间的 96h 分配系数没有显著差异。

Broderick（1985）等用意大利当地山羊做了柑橘渣的动物试验，结果表明，在添加量小于 30%（柑橘渣和青贮小麦秸混合物）的情况下，采食量、胴体品质和肉质都没有显著差异。Rihani（1993）等试验表明，用柑橘渣代替日粮中10%的能量饲料，脂肪、蛋白质、总能和无氮浸出物的消化率没有显著差异，而粗纤维的消化率明显升高。Zervas 和 Fegeros（1995）试验表明，用柑橘渣代替10%的日粮干物质，对山羊的乳脂率、蛋白和乳糖含量没有显著影响。Inserra 等（2014）用柑橘渣干粉（占精料比例的24%、25%）替代精料中的大麦饲喂羔羊，研究结果显示，试验组均能极显著提高羊肉脂肪的抗氧化能力。Caparra 等（2007）在羔羊精料（精粗比为 3∶7）中添加30%、45%晒干柑橘渣作为能量饲料替代谷物，在为期80天的试验结束后屠宰，结果显示，羔羊的平均日增重，最终体重和肉的化学组成没有显著差异；但45%晒干柑橘渣组的屠宰率，饲料转化率和胴体重显著低于另外两组，45%晒干柑橘渣组的胴体紧密度，肌肉颜色饱和度均低于另外两组。以上研究结果表明，将柑橘渣替代谷物作为能量饲料在反刍动物日粮中适量添加，不仅不会对羊的生长发育产生不利影响，还能对肉品质起到一定的改善作用，但如果添加量过大时又会对肉品质产生一定的负面影响。

国内关于柑橘渣在羊应用方面的研究鲜见报道，黄艳玲（2016）等在羔羊2月龄断奶后，采用玉米—豆粕—苜蓿颗粒饲粮饲喂，用一定比例柑橘渣等量替代玉米，饲喂至4月龄，试验结果显示，在羔羊饲粮中添加15%柑橘渣替代等量玉米，改善了羔羊的生长性能，柑橘渣最大替代玉米的比例为30%，最佳添加比例为15%。目前，国内关于柑橘渣在羊上的营养价值和饲用价值评定工作刚刚开始，今后还需系统评价柑橘渣饲用价值，提出科学高效的饲喂技术方案。

3. 柑橘渣在兔上的饲喂研究

肉兔是单胃草食家畜，与牛、羊、家禽相比是个小产业，肉兔饲料营养研究相对滞后，在非常规饲料资源开发方面的研究相对较少。近年来，肉兔产业在我国持续快速健康发展，据中国畜牧兽医年鉴和联合国粮农组织（FAO）统计，2015 年我国出栏肉兔约 5.3 亿只，兔肉产量84 万 t，兔肉产量约占世界同期兔肉产量的40%以上。我国南方地区的四川、重庆、福建、江苏、浙江、广西和湖南等省（区、市）是我国肉兔主产区，年肉兔出栏量占全国的50%以上。随着肉兔产业的发展，饲料资源短缺日益成为制约产业发展的重要瓶颈之一，为此四川省畜牧科学研究院在肉兔非常规饲料资源开发方面开展了一些卓有成效的工作。

2010 年起，四川省畜牧科学研究院开始了柑橘渣资源的调查工作，随后对柑橘渣的营养价值进行了测定，对其肉兔饲用价值进行了评价。2013年开展了柑橘渣在肉兔上的高效饲用技术研究。饲养试验采用单因素随机设计，选择断奶新西兰兔150只，共分成5个处理组，每个处理5个重复，每个重复6只。每个处理组随机饲喂含柑橘渣0（对照组）、5%、10%、15%和20%的饲粮，进行饲养试验，测定各处理肉兔生产性能。饲养试验结束后，每个重复屠宰2只，进行屠宰性能、血液生化和肉质指标测定。试验结果显示：肉兔饲粮中添加不超过15%的柑橘渣对肉兔的采食量和日增重无显著影响，但随着柑橘渣添加量的增加肉兔的采食量和日增重有下降趋势，柑橘渣添加量对料重比无显著影响，但是添加15%柑橘渣组肉兔增重饲料成本最低；肉兔饲粮添加柑橘渣可以显著影响肉兔血清胆固醇和甘油三酯含量，随着柑橘渣添加量的增加，血清胆固醇和甘油三酯含量显著下降，对肉兔血清总蛋白、白蛋白、血糖、尿素氮、碱性磷酸酶、谷丙转氨酶、高密度脂蛋白和低密度脂蛋白等无显著影响；肉兔饲粮添加柑橘渣对肉兔屠宰率和肉质无显著影响。综合来看，柑橘渣是消化率和能值较高的能量饲料，在肉兔上有较高的饲用价值，在肉兔饲粮中的添加比例以不超过15%为宜。随后进行了母兔饲养试验，饲养试验采用单因素随机设计，选择新西兰母兔144只，共分成4个处理组，每个处理6个重复，每个重复6只。每个处理组随机饲喂含柑橘渣0（对照组）、5%、10%和15%的饲粮，进行饲养试验，测定各处理母兔繁殖性能和仔兔生产性能。试验结果显示：在母兔饲粮中添加不超过10%的柑橘渣对母兔的繁殖性能和仔兔生产性能无显著影响，建议在母兔饲粮中添加不超过10%的柑橘渣。

2013—2015年，四川省畜牧科学研究院在新津金阳饲料有限公司、眉山华港饲料有限公司和仪陇梅林饲料有限公司等多个厂家推广柑橘渣饲料，累计推广柑橘渣饲料10 000多t，取得了良好的经济效益和生态效益。

4. 鹅

鹅是草食性家禽，国外关于柑橘渣在鹅上的研究鲜见报道。杨志鹏（2015）等研究了柑橘渣对1~21日龄四川白鹅生长性能及血清生化指标的影响，试验分别饲喂含柑橘渣0、2%、4%、6%、8%和10%的等代谢能、等粗蛋白质、等氨基酸的玉米—豆粕型饲粮，试验期21天。结果表明：6%组料重比显著低于对照组，末重和平均日增重呈先增加后降低趋势；与对照组相比，8%组血清高密度脂蛋白含量显著提高；10%组血清总胆固醇含量显著提高；柑橘渣对鹅血清生化指标无显著影响。建议柑橘渣在1~21日龄四川白鹅饲粮中的最适添加量为6%。

第三节　椰子副产物的饲料化利用

☞　**一、概况**　☜

　　椰子，原产于亚洲东南部、中美洲，与油茶、油棕、油橄榄并称为世界四大木本油料植物。全世界85%以上的椰子产自于亚洲，菲律宾、印度、马来西亚更是椰子的主要产区，三地产量之和占了全世界的75%左右，分别占30%、26.4%和17.6%。我国椰子栽培主要集中在南方沿海的几个省份，其中种植最广的是海南省，椰子已成为海南的象征，海南岛更被誉为"椰岛"。据FAO统计，近五年来，全世界椰子每年总产量维持在6 000万t左右，椰子油约340万t，其中亚洲椰子产量为5 000万t，椰子油285万t。椰子粕（copra meal，CM）是椰子胚乳提取油脂后的副产物，由机械化旋转压榨机制成的椰子粕含10%~12%的椰子油，而由螺旋式压榨机成的椰子粕则含有7%~9%的油。由于在压榨机中用高压压榨，压出的椰饼色泽深而且变色，所以不能作为供人类消费的食品，它的最佳用途是作为动物饲料。目前椰子油生产工艺副产物（椰子粕）残油率为10%左右。按椰子油产量推算，全世界每年的椰子粕产量达230万~340万t。椰子粕蛋白质含量在15%~25%，碳水化合物为60%，与菜粕、棉粕相比，不含有毒有害等抗营养因子，且价格低廉，是一种比较有潜力的饲料资源。因此，全面评价椰子粕的营养价值、高效利用椰子粕资源，对促进饲料行业发展将起到重要作用。

☞　**二、营养价值**　☜

　　椰子粕蛋白质含量为15%~25%，变化范围较大，主要受加工工艺的影响。一般溶剂浸提法获得的椰子粕蛋白质含量比机械压榨法含量高。粗蛋白质含量与其他种类的蛋白饲料原料相比较低，为22.75%，但是含有较高的无氮浸出物，为54.84%，氨基酸种类齐全，但平衡性欠佳，蛋氨酸和赖氨酸偏低，谷氨酸和精氨酸偏高，故要求在生产中大量使用椰子粕时需要注意配方氨基酸平衡。粗纤维含量高，接近20%左右，高于菜粕、棉粕，但椰子壳纤维含量接近60%，在椰子粕生产过程中可能会因椰子壳杂质掺入而导致粗纤维含量增加。椰子粕的干物质一般保持在90%以上，适合长期保存，但在潮湿环境中，椰子粕易滋生霉菌，产生黄曲霉毒素，尤其是黄曲霉毒素 B_1。椰子粕中维生素B族和矿质元素含量较丰富，比一般的粕类含量要高，含有钙、磷、镁、钾、锰、铜等矿物质，其中磷含量较高，达 0.53%，与豆粕相当，是一种较好的磷源补充饲料原料，见表 5-10。

椰子粕的总能为 17.77~24.58MJ/kg，椰子粕猪代谢能为 9.2MJ/kg，鸡的 AME 和 TME 分别为 6.50MJ/kg 和 8.78MJ/kg。本课题组研究了椰子粕在四川白鹅饲粮中的应用，结果表明，椰子粕的总能为 20.12MJ/kg，四川白鹅对椰子粕的 AME 和 TME 分别为 11.22MJ/kg 和 11.81MJ/kg；干物质表观利用率和真利用率分别为 61.21%、70.92%；有效磷和总磷真利用率分别为 0.31%、62.90%。椰子粕氨基酸组成全面但平衡性欠佳，蛋氨酸、酪氨酸、组氨酸及半胱氨酸含量低，谷氨酸和精氨酸含量高；蛋氨酸和赖氨酸的表观利用率分别为 71.67% 和 73.49%，真利用率分别为 82.00% 和 91.02%（周俊杰，2014）。樱桃谷肉鸭对椰子粕的氨基酸表观利用率为 69.72%，真利用率为 75.98%（覃秀华等，2013）。临武鸭对椰子粕中干物质、粗蛋白质、粗脂肪、粗纤维和总能的真利用率分别为 52.23%、58.49%、70.28%、34.67% 和 54.76%，表观代谢能和真代谢能分别为 7.49MJ/kg 和 9.64MJ/kg（张旭等，2016）。

表 5-10　椰子粕营养成分含量（干物质基础）　　　　（单位：%）

养分	陈倩婷（2010）	赖景涛（2012）	Moorthy 等（2009）	程时军等（2010）	Thorne 等（1989）	本课题组
干物质	87.85	88.00	90.46	89.45	89.90~94.3	92.73
粗蛋白质	19.63	22.00	22.75	20.69	21.90~24.6	19.95
粗脂肪	—	5.00	2.89	8.78	4.00~9.10	10.76
粗纤维	16.00	12.00	12.11	5.97	10.0~10.80	19.29
粗灰分	7.01	6.82	7.41	—	5.40~6.20	5.91
钙	—	0.17	0.40	—	—	0.12
磷	—	0.60	0.63	—	—	0.53
NDF	—	—	—	—	—	60.01
ADF	—	—	—	—	30.9~34.80	31.52

☞ 三、加工利用技术 ☜

椰子粕中含有抗营养因子非淀粉多糖（NSP），主要为 β-甘露聚糖，因其具有持水性，在动物肠道可增加食糜黏性，阻碍消化酶与营养物质接触，进而降低饲料脂肪、淀粉和蛋白质营养价值，且动物体内又无法分泌消化 β-甘露聚糖的酶，故通常将 β-甘露聚糖作为一种抗营养因子。β-甘露聚糖对单胃动物的抗营养作用主要表现在以下两个方面：①增加食糜黏度；②降低饲料的有效能值。有研究表明，β-甘露聚糖可通过干扰胰岛素分泌和胰岛素样生长因子（IGF）生成，降低肠道中吸收葡萄糖的速率和碳水化合物的代谢过程。因此，椰子粕在作为动物饲粮时要经过适当的加工处理。

1. 水处理

据报道，浸湿的日粮激活了饲料中的内源酶，从而提高鸡的生产性能，提高了成分的溶解作用，增加了容重。饲喂浸湿日粮时，前两周采食量低影响了鸡的生长。3周后，采食量有所提高。虽然浸湿日粮能提高肉鸡生产性能，但这种措施处理后的原料不易保存，限制了养殖者在商业基地使用这种方法。

2. 制粒与破碎

由于椰子粕低容重的特性，用它作为饲料会占据家禽消化道更多的空间，从而减小消化器官容纳食糜的能力。相应地，采食低容重日粮的鸡消耗的食物就更少。Sundu 等（2005）采用了破碎和制粒的方法：将脱脂椰子粕制粒和破碎后再添加到肉鸡日粮中，容重因而增加了25%。大量研究人员已报道过与糊状料相比，颗粒料能提高采食量。Sundu 等（2005）将脱脂椰子种皮制粒后添加到日粮中进行了研究，发现由于采食量提高，制成粒的脱脂椰子种皮很大程度地增加了肉鸡体重，还超过了饲喂玉米—大豆日粮的对照组，但是消化率无变化。这个发现也许印证了这个结论：制粒或破碎后脱脂椰子种皮饲用价值的提高主要原因在于增加了容重。

3. 青贮发酵

将椰子粕用水压机压除其水分后覆盖聚乙烯膜进行发酵。7 天后，发酵产物在太阳下暴晒，使其湿度达到约 10%，粉碎，装袋并保存，发酵后椰子粕营养成分如表 5-11 所示。

表 5-11　椰子粕发酵前后营养成分对比（陈倩婷，2010）

成分	DM（%）	CP（%）	CF（%）	EE（%）	CA（%）	ME（MJ/kg）
椰子粕	87.85	19.63	16.00	14.18	7.01	12.55
发酵椰子粕	90.82	23.11	11.63	2.10	8.54	10.77

☞　**四、动物饲养技术与效果**　☜

在反刍动物方面，各研究都指示，椰子粕的纤维含量较高，适口性比较好，是一种较好的能量和蛋白质饲料原料。赖景涛也研究了用椰子粕替代等量玉米对泌乳牛和干奶牛的影响，结果显示，在奶牛精料中添加 15% 的椰子粕替代等量玉米是可行的。Aregheore 等（2006）根据椰子粕对山羊的营养利用率和体重变化得出，椰子粕在山羊的精料补充料中使用水平可达 75%。

参考文献

[1]　陈倩婷．发酵棕榈仁粕和椰子粕在蛋鸡日粮中的应用 [J]．饲料研究．2010（10）：4-6.

[2]　陈兴乾，罗美姣，方运雄，等．饲喂香蕉茎叶对隆林山羊生长性能的影响．广西畜牧兽医，2011，27（2）：p.69-72.

[3]　程时军，张伟．棕榈粕、椰子粕及其与酶制剂联合应用研究进展 [J]．饲料工业．2010（08）：58-60.

[4]　黄晓亮，黄银姬．不同处理方式对青贮香蕉茎叶营养成分的影响 [J]．饲料博览，2007，10：53-55.

[5]　金莎，黄世章，钟毅，等．香蕉茎叶与柱花草混贮饲料的品质 [J]．草业科学，2016，33（3）：512-518.

[6]　赖景涛．椰子粕等量替代玉米对泌乳牛和干奶牛的影响 [J]．中国牛业科学，2012（01）：29-32.

[7]　李梦楚，王定发，周汉林，等．添加纤维素酶和甲酸对青贮香蕉茎秆饲用品质的影响 [J]．家畜生态学报，2014，35（6）：46-50.

[8]　李能琴．香蕉叶对黑山羊瘤胃发酵各个指标以及微生物多态性的影响 [J]．广西大学，2013.

[9]　李志春，游向荣，张雅媛，等．糖蜜和米糠对香蕉茎叶青贮饲料品质的影响 [J]．南方农业学报，2013，44（12）：2 058-2 061.

[10]　林筱璐，叶杭，张文昌，等．添加复合酶制剂对香蕉叶青贮品质的影响 [J]．家畜生态学报，2014，35（5）：33-36.

[11]　陆健，钟毅，刘大钦，等．微贮香蕉茎叶品质评定研究 [J]．饲料工业，2016，9：53-58.

[12]　覃秀华，罗丽萍，张家富，等．樱桃谷鸭对几种饲料原料氨基酸消化率评定研究 [J]．广西畜牧兽医．2013（2）：70-73.

[13]　王明媛，袁希平，张曦，等．三种香蕉茎叶青贮饲料对云南黄牛生长性能及肉品质影响研究 [J]．饲料工业，2015（1）：55-59.

[14]　王倩，周汉林，谭海生，等．不同添加剂对香蕉茎叶青贮饲料品质的影响 [J]．广东农业科学，2012，39（22）：104-106.

[15]　王少曼，陈百莹，李红歌，等．泡盛曲霉 FCYN206 对 EM 菌青贮香蕉茎叶中单宁的影响 [J]．中国饲料，2016，11：39-42.

[16]　韦英明，邹隆树．香蕉茎叶饲喂泌乳牛试验 [J]．基因组学与应用生物学，2001，20（1）：34-36.

[17]　詹浩浩，叶杭，张文昌，等．纤维素酶对香蕉茎与小麦麸混合青贮效果的影响 [J]．中国

农学通报，2014，30：1-5.

[18] 张旭，蒋桂韬，王向荣，等. 临武鸭对添加复合酶棕榈粕和椰子粕的养分、氨基酸和能量的利用率 [J]. 2016.

[19] 周俊杰. 椰子粕对四川白鹅饲用价值的研究 [D]. 广州：华南农业大学，2014.

[20] Archimède, H., E. González-García, P. Despois, T. Etienne, Alexandre. G. Substitution of corn and soybean with green banana fruits and Gliricidia sepium forage in sheep fed hay-based diets：effects on intake, digestion and growth [J]. J Anim Physiol A Anim Nutr, 2010, 94 (1)：118-128.

[21] Aregheore E M. Utilization of concentrate supplements containing varying levels of copra cake (Cocos nucifera) by growing goats fed a basal diet of napier grass (*Pennisetum purpureum*) [J]. Small Ruminant Research, 2006, 64 (1)：87-93.

[22] Foulkes, D., Preston. T. R. The banana plant as cattle feed：digestibility and voluntary intake of different proportions of leaf and pseudostem [J]. Trop Anim Prod, 1977, 3 (2)：114-117.

[23] Gohl, B., Tropical feeds. Feed information summaries and nutritive values [J]. Tropical Feeds Feed Information Summaries & Nutritive Values, 1981.

[24] Lunsin, R., M. Wanapat, C. Wachirapakorn, et al. Effects of Pelleted Cassava Chip and Raw Banana (Cass-Bann) on Rumen Fermentation and Utilization in Lactating Dairy Cows [J]. Journal of Animal & Veterinary Advances, 2012, 9 (17)：2 239-2 245.

[25] Marie-Magdeleine, C., L.Liméa, T.Etienne, C.H.O., et al.Alexandre, The effects of replacing Dichantium hay with banana (*Musa paradisiaca*) leaves and pseudo-stem on carcass traits of Ovin Martinik sheep [J]. Tropical Animal Health & Production, 2009, 41 (7)：1 531-1 538.

[26] Moorthy M, Viswanathan K, Edwin S C.Ileal digestibility and metabolizable energy of extracted coconut meal in poultry [J]. Indian veterinary journal. 2006, 83 (5)：575-576.

[27] Moorthy M, Viswanathan K. Nutritive value of extracted coconut (Cocos nucifera) meal [J]. Research Journal of Agriculture and Biological Science. 2009, 5 (4)：515-517.

[28] Omer, S. A. In situ dry matter degradation characteristics of banana rejects, leaves, and pseudostem [J]. Assiut Veterinary Medical Journal, 2009：1-6.

[29] Poyyamozhi, V. S., R. Kadirvel. The value of banana stalk as a feed for goats [J]. Animal Feed Science & Technology, 1986, 15 (2)：95-100.

[30] Preston, T. R., R. A. Leng. Matching ruminant production systems with available resources in the tropics and sub-tropics [J]. Bananas and Plantains, 1987：157-159.

[31] Rahman, M. M., K. S. Huque. Study on Voluntary Intake and Digestibility of Banana Foliage as a Cattle Feed [J]. Journal of Biological Sciences, 2002, 2 (1)：49-52.

[32] Reddy, G. V. N., M. R. Reddy. Utilization of Banana Plant (*Musa paradiosiaca* L.) as Feed for Crossbred Cattle [J]. Indian Journal of Animal Nutrition, 1991 (1)：23-26.

[33] Rohilla, P. P., Bujarbaruah. K. M. Effect of banana leaves feeding on growth of rabbits [J]. Indian Veterinary Journal, 2000, 77 (10)：902-903.

[34] Shem, M. N., Ørskov E. R., Kimambo. A. E. Prediction of voluntary dry-matter intake, digestible dry-matter intake and growth rate of cattle from the degradation characteristics of tropical foods

[J]. Animal Science, 1995, 60 (01): 65-74.

[35] Sukri I, Z. M. W. , Awis P. Potential of farm-rejected banana fruit (var. *Cavendish*) as feed for feedlot cattle [J]. Journal of Tropical Agriculture and Food Science, 1999, 27: 117-122.

[36] Sundu B, Kumar A, Dingle J. Comparison of feeding values of palm kernel meal and copra meal for broilers [J]. Recent Advances in Animal Nutrition in Australia. 2005, 15: 28A.

[37] Thorne P J, Wiseman J, Cole D, et al. The digestible and metabolizable energy value of copra meals and their prediction from chemical composition [J]. Anim. Prod. 1989, 49: 459-466.

[38] Viswanathan, K. , Kadirvel R. , Chandrasekaran. D. Nutritive value of banana stalk (*Musa cavendishi*) as a feed for sheep [J]. Animal Feed Science & Technology, 1989, 22 (4): 327-332.

第六章

其他非常规饲料

第一节　笋副产物的饲料化利用

☞　一、概况　☜

竹，为多年生禾本科竹亚科植物，茎为木质，学名 *Bambusoideae*（*Bambusaceae* 或 *Bamboo*），原产热带、亚热带，喜温怕冷，主要分布在年降水量 1 000~2 000mm 的地区。竹的地下茎（俗称竹鞭）是横着生长的，中间稍空，也有节并且多而密，在节上长着许多须根和芽。一些芽发育成为竹笋钻出地面长成竹子，另一些芽并不长出地面，而是横着生长，发育成新的地下茎。因此，竹子都是成片成林的生长。嫩的竹鞭和竹笋可以食用。

全世界共计有 30 个属 550 种，盛产于热带、亚热带和温带地区。从地理分布上可将整个世界分为三大竹区，即亚太竹区、美洲竹区和非洲竹区，有些学者还单列出欧洲、北美引种区。目前，全世界竹林面积达到 2 200 万 hm²。

中国是世界上产竹最多的国家之一，现有竹林面积 520 万 hm²，占世界竹林总面积近 1/4（窦营等，2008）。我国竹种类型众多，共有 22 个属、200 多种，分布全国各地，特别以长江流域和珠江流域最多，而秦岭以北雨量少、气温低，仅有少数矮小竹类生长。其中优良的竹笋主要产于四川、浙江、江西、安徽、湖南、湖北、福建、广东，以及西部地区的广西、贵州、重庆、云南等省、区、市的山区，其中以福建、浙江、江西、湖南 4 省最多。主要竹种有长江中下游的毛竹（*Phyllostachys pubescen* Mazel，浙江、江西等地区）、早竹（*P. Praecox* C. D. Chu et C. S. Chao）以及珠江流域、福建、台湾等地的麻竹（*Sinocalamus latiflorus* McClure）和绿竹（*S. oldhami* McClure）等。毛竹、早竹等散生型竹种的地下茎入土较深，竹鞭和笋芽借土层保护，冬季不易受冻害，出笋期主要在春季。毛竹生长的最适温度是年平均 16~17℃，夏季平均在

30℃以下，冬季平均在4℃左右。麻竹、绿竹等丛生型竹种的地下茎入土浅，笋芽常露出土面，冬季易受冻害，出笋期主要在夏秋季。麻竹和绿竹要求年平均温度18~20℃，1月份平均温度在10℃以上。故在我国南方竹林茂盛，而北方竹林稀少。竹需要土层深厚，土质疏松、肥沃、湿润、排水和通气性良好的土壤，土壤pH值以4.5~7为宜。

竹笋，是竹的幼芽，也称为笋。竹为多年生常绿草本植物，食用部分为初生、嫩肥、短壮的芽或鞭，而笋壳就是竹笋长成竹子后脱落下来或竹笋经加工后的副产品。竹笋是中国传统佳肴，味香质脆，人民食用竹笋有2500~3000年的历史。每年春季在我国竹产区会出产大量竹笋，而这些竹笋只有一部分用于鲜食用，又由于竹笋水分含量高，不易保存，所以大多数竹笋通常被加工成笋干或者罐头制品。实际上，在竹笋加工过程中，可食用的笋肉大概只占整个笋的30%左右。因此，每年一到春笋上市时，随处可见被遗弃的笋壳、笋头。大量的笋壳堆放在村道及闲置地，一是影响村容村貌，二是在推放腐烂的过程中，产生的废气飘逸空中，产生的污水四处流淌，特别是我国南方"雨季"雨水的增加，更是流向周边河流，成为农村水体、空气和土壤的污染源，给生态环境和人们的生活质量造成了不小的压力。

据赵丽萍等（2013）统计，全国笋壳年产量达到15.7亿kg。这些废弃物，除了一部分被集中运往垃圾场填埋外，其余的被堆放到田间、河边，有的顺水漂流，时间长了还会发出恶臭，污染环境。因此，开发笋壳资源不仅有利于提升笋壳的附加值，变废为宝，增加人民收入，而且在保护环境方面有重要意义。但是，笋壳的含水量非常高，干物质含量仅为12%左右，因此如何及时收集并贮存笋壳，使其高效利用，是当前所面临的关键问题。

☞ 二、营养价值 ☜

1. 常规营养成分

竹笋是竹子根状茎发出的幼嫩的发育芽，按其结构特点和可食用性将笋分为3部分：可食用的笋肉、包被笋肉的外壳和笋体中木质化程度较高的笋蔸。竹笋在加工过程中需切掉不可食用的外壳和笋蔸，切除的部分统称为笋壳。

王翀等（2016）对浙江临安、湖州等地6个笋加工副产物样品进行测定，其常规营养成分平均值（DM基础）为粗蛋白（CP）14.0%，粗脂肪（EE）2.56%，粗灰分（Ash）6.90%，中性洗涤纤维（NDF）75.0%，ADF33.1%。赵丽萍等（2013）测定的鲜笋壳和熟煮笋壳的营养成分见表6-1。鲜笋壳CP含量为8.12%~12.7%，高于玉米秸秆、小麦秸、稻秸等秸秆饲料，稍低于小麦麸的 13.3%~17.7%。笋壳的 EE（1.42%~1.74%）、NDF（75.3%~78.9%）、Ash（4.28%~8.68%）、钙含量与玉米秸秆等常见粗饲料相近，但含有木质化程度较高的笋蒄木质素较高。不同加工方式对笋壳的营养价值影响较大。由表6-1可见，与鲜笋壳相比，蒸煮笋壳的 CP、EE 含量明显较高，而纤维类物质含量降低。

表6-1 竹笋壳的营养成分含量（DM） （单位：%）

饲料	粗蛋白质	粗脂肪	粗纤维	中性洗涤纤维	粗灰分	钙
鲜笋壳	8.12~12.7	1.42~1.74	26.24~27.13	75.3~78.9	4.28~8.72	0.12~0.29
蒸煮笋壳	10.94~16.0	1.56~1.79	20.78~22.87	68.1~71.9	8.68	—

鲜笋壳中游离氨基酸含量为 1.38%~1.69%（DM），其中必需氨基酸占游离氨基酸总量的一半以上（表6-2；周兆祥，1990；1991），尤其以苏氨酸、组氨酸、丝氨酸含量较高，但畜禽所需的主要限制性氨基酸（赖氨酸和蛋氨酸）含量较低。笋壳富含动物必需的微量元素铁、铜、锌等，其必需微量元素含量高于玉米，其中铁的含量高达 72.70mg/kg（DM），与羽毛粉中铁的含量相当。

表6-2 鲜笋壳中游离氨基酸和部分微量元素

项目	含量（g·kg^{-1}CP）	项目	含量（mg·kg^{-1} DM）
氨基酸		微量元素	
苏氨酸	118.87	铁	72.70
组氨酸	13.17	锌	27.26
缬氨酸	7.58	铜	9.09
赖氨酸	4.07	锰	3.40
精氨酸	3.50	锡	0.60
异亮氨酸	3.41	镍	0.006
亮氨酸	2.01	钼	0.006
苯丙氨酸	1.58	钒	0.006
天门冬氨酸	19.27	钴	0.006
丙氨酸	18.92		
丝氨酸	15.28		
谷氨酸	12.06		
甘氨酸	2.32		

2. 笋壳对反刍动物的饲用价值

国内部分学者对笋壳的瘤胃降解规律进行了研究。王小芹等（1998）报道，在以青年湖羊为试验动物时，鲜笋壳和熟笋壳干物质潜在瘤胃降解率均在78%以上，48h瘤胃降解率分别为57.4%和71.9%。假设流出速度 k = 0.02、0.04，干物质有效降解率分别在52.6%和43.5%以上。笋壳的干物质在瘤胃内易被降解，具有较好的消化性能。也有研究表明，大麻叶竹笋壳在山羊瘤胃中48h干物质降解率为38.17%，与玉米秸秆的干物质消化率相当，高于稻草和小麦秸（王兴菊等，2010）。在肉牛上，马俊南等（2016）利用体外产气法估测笋壳的营养价值，其产气量随时间先逐渐升高最后趋于平衡，120h产气量在49.7mL，高于象草、花生藤、毛豆秸、木薯渣等饲料资源；24h的挥发性脂肪酸含量较高达到47.2mmol/L，氨态氮达到18.89mg/mL，体外干物质消化率达到35.53%；而48h的挥发性脂肪酸含量提高到59.5mmol/L，氨态氮达到22.14mg/mL，体外干物质消化率达到47.41%。竹笋壳含较高能量，肉牛代谢能含量为8.96MJ/kg。可见，笋壳在反刍动物上具有一定的饲用价值。

3. 功能性营养成分

笋壳富含植物甾醇、多糖、黄酮类、酚酸等多种功能性物质，对动物机体具有重要的生理活性作用，可维持动物健康、提高动物的免疫能力。

黄酮类物质是一类广泛存在于天然植物中的次级代谢产物。研究表明，黄酮类物质具有抗癌、抗衰老、抗氧化、抗炎、降血压、降血糖、调节内分泌等诸多功能。以乙醇溶剂提取笋壳中的黄酮，得到黄酮类化合物总提物0.72mg/g，其抗氧化性强于合成抗氧化物芦丁。竹笋壳中黄酮提取液还具有抑菌作用，可抑制金黄色葡萄球菌、藤黄八叠球菌、大肠杆菌等常见肠道有害菌，有利于维持动物胃肠道健康。

笋壳中甾醇类化合物含量最高为3.22mg/g（DM），包括β-谷甾醇、芸苔甾醇、谷甾醇、胆固醇、麦角甾醇、谷烷醇等，其中β-谷甾醇的含量最高，而且笋壳中植物甾醇含量经细菌发酵作用会成倍增加。植物甾醇中的谷甾醇和豆甾醇具有较强的降胆固醇作用。笋壳中的植物甾醇可抑制大鼠脂质的吸收，促进脂质排泄，抑制内源性胆固醇和甘油三酯的生成，减轻大鼠脂肪肝并降低脂肪肝指数，对肝脏色泽、质地等也有显著改善作用。植物甾醇可降低血脂和提高动物饲料转化效率，显著降低肉中胆固醇含量，提高育肥猪的瘦肉率和泌乳牛产奶量、乳脂率、乳蛋白率。

笋壳中还含有含量较高的生物活性物质——多糖（2.82mg/g DM），多为相对分子质量不大的水溶性多糖，但其结构组成和生物学活性以及对动物生产性能的影响等，还有待进一步研究。笋壳中还含有肉桂酸和咖啡酸等酚酸类化合物（0.31mg/g DM），具有清除自由基、抑制微生物生长的作用（高雪娟，2011）。此外，Katsuzaki 等（1999）还从笋壳中分离出 2 种抗氧化成分：苜蓿素和紫杉叶素，其抗氧化活性分别是维生素 E 的 10% 和 1%。

4. 笋壳中的抗营养因子

竹笋中含有少量单宁，利用鲜笋壳粉饲喂单胃动物时需谨慎。对反刍动物而言，饲料中含有少量单宁可以促进蛋白质的利用，提高肉品质和乳品质，降低甲烷产量，同时对动物生产性能和环境保护具有积极的作用。不同种类、不同部位竹笋的单宁含量具有差异，毛春笋单宁含量最高，其他种类竹笋较低，而且主要集中在笋壳、笋衣和笋兜（顾小平等，1989）。发酵处理能去除笋壳中的单宁，Liu 等（2001）证实，笋壳中单宁含量在 0.34% ~ 0.37% DM，但经青贮后未检测到单宁的存在。

去皮竹笋（笋肉）中还含有生氰糖苷 1.40 ~ 3.02μg/gDM（韩素芳等，2010）。生氰糖苷是一类由氰醇衍生物的羟基和 D-葡萄糖缩合而成的糖苷，水解后可生成高毒性的氢氰酸。但 Liu 等（2001）在测定新鲜笋壳、蒸煮笋壳和青贮蒸煮笋壳的抗营养因子试验中，未检测到氢氰酸的存在，证实笋壳用作饲料原料饲喂动物是安全的。

另外，在实际生产中发现饲喂笋壳可能会使动物的肠道组织上皮颜色变黑，影响肠道组织的食用品质和商业价值。分析可能是由于笋壳中含有某种未知的还原性物质，将肠道上皮细胞氧化。但该还原性物质成分是什么，如何清除或处理，需要进行相关的试验研究。

☞ 三、加工利用技术 ☜

笋壳含水量高，在南方高温高湿环境中极易腐败变质，而且其具有坚硬的外壳，特别是笋兜比例高的笋壳，无法直接饲喂食草性动物。对笋壳进行一定的加工处理，可提高其饲用价值、延长保存时间、提高利用价值。

1. 制粒

（1）回收 每年 3—5 月是收笋吃笋的季节，在这 3 个月中正是竹笋加工集中时段，笋壳量十分可观，笋壳回收处理一直是环保难题，大多农户之前都是直接倾倒，从而导致污染。在此，可以利用政府及行政村等相关信息平台及传媒效应，在农业信息网广发信息，行政村集中点张贴广告等形式，利用政府集中效应，在行政村进行集中采收，并于村级制定管理者协商后，每天指定送到养殖厂。如果当地有加工笋制品的工厂则更是有利条件。在新场地建设中需规划一块规模化场地用于笋壳废弃物的堆放存储、机器加工及成品保存等。

（2）切短或粉碎　在原本含水量条件下，采用专门的机械设备，将笋壳切短或粉碎成丝状，以利于进一步的干燥或发酵处理。一般宜选用具有锤片粉碎和轧切功能的设备进行。另外，笋壳（包含笋蔸、下脚料）比较硬，所需要设备的功率比常规秸秆粉碎设备大2~3倍以上。

（3）干燥　笋壳含水量大，加之集中收获期间正值南方多雨天气，腐败和发霉问题十分常见。对切短的笋壳进行碾压处理，再经过烘干机烘干，打包保存即可得到制粒笋壳饲料（见下图）。

制粒的笋壳饲料

2. 青贮

（1）青贮技术与工艺流程

窖址选择：有条件的山区可建地窖，如果在南方潮湿地区则适宜建高出地面青贮窖。应选择在地势高燥、土质坚实、向阳，便于操作管理的地方建窖；还可用水泥、砖石建成长方形、混凝土结构、窖壁垂直光滑、四角圆弧形或屋顶式的青贮窖。

建窖：窖容积大小根据养殖动物的数量及青贮原料多少而定，一般每立方米装原料450~650kg。若修建1个长10m、宽5m、深4m，容积为200m³的青贮窖，可装贮120t青贮原料。

笋壳收集：每年3—6月产笋的集中季节，养殖场（户）须将笋制品企业堆弃的笋壳及时运回场内，进行加工处理，保持笋壳新鲜干净，防止腐烂变质。

青贮方法：将用来做青贮的笋壳、蒲头，切成 2~3cm 长，含水量掌握在 65%~70%，以手紧握切碎的原料指缝有液体渗出不滴下为宜。为提高青贮质量，可在青贮过程中添加 2%~3% 碳酸氢钠或 10% 的食盐。每层厚度 30cm 装入窖内，一层层边装边压实，尤以四周压得越实越好，直至装至超过窖口 30cm 以上时，上盖塑料布封顶，再压上 40~50cm 湿泥土密封加压，也可在塑料布上加水或其他重物重压，防止漏水进气，影响青贮质量，一般经一个半月后开窖，经检查质量合格方可饲喂。

青贮笋壳

饲养配伍：饲养肉羊时，以干物质中笋壳占 70%、精饲料占 30% 为宜。

（2）裹包青贮　裹包青贮是一种利用机械设备完成秸秆或饲料青贮的方法，是在传统青贮的基础上研究开发的一种新型饲草料青贮技术。裹包青贮技术是指将饲草收割后，用打捆机进行高密度压实打捆，然后通过裹包机用拉伸膜裹包起来，从而创造一个厌氧的发酵环境，最终完成乳酸发酵过程。这种青贮方式已被欧洲各国、美国和日本等世界发达国家广泛认可和使用，在我国有些地区也已经开始尝试使用这种青贮方式。

裹包青贮与常规青贮一样，有干物质损失较小、可长期保存、质地柔软、具有酸甜清香味、适口性好、消化率高、营养成分损失少等特点。同时还有以下几个优点：制作不受时间、地点的限制，不受存放地点的限制，若能够在棚室内进行加工，也就不受天气的限制了。与其他青贮方式相比，裹包青贮过程的封闭性比较好，通过汁液损失的营养物质也较少，而且不存在二次发酵的现象。此外裹包青贮的运输和使用都比较方便，有利于它的商品化。这对于促进青贮加工产业化的发展具有十分重要的意义。

裹包青贮虽然有很多优点，但同时也存在着一些不足。一是这种包装很容易被损坏，一旦拉伸膜被损坏，酵母菌和霉菌就会大量繁殖，导致青贮料变质、发霉。二是容易造成不同草捆之间水分含量参差不齐，出现发酵品质差异，从而给饲料营养设计带来困难，难以精确掌握恰当的供给量。

（3）青贮效果 由于笋壳中可溶性碳水化合物含量较低，青贮品质易受到影响。制作笋壳青贮时，可添加部分含碳的原料。例如，王小芹等（1999）试验证实，在笋壳青贮中添加麸皮的效果提升，且优于添加 10% 稻草的，添加麸皮可减少干物质损失，降低氨态氮/总氮的比例，增加发酵中乳酸和总有机酸含量，降低 pH 值，显著改善笋壳青贮料的发酵品质。而添加 10% 稻草能够调节水分，减少干物质损失，降低氨态氮/总氮比例，但对 pH 值、乳酸和总有机酸含量无显著影响。为得到笋壳与麦麸混合青贮的最佳比例，柳俊超等（2015）比较了不同比例麦麸与笋壳混合青贮后的营养成分，结果表明，60% 笋壳＋40% 麦麸青贮样品乳酸含量高，pH 值较低，无丁酸，青贮品质好；70% 笋壳＋30% 麦麸青贮样品乳酸含量较高，pH 值较低，丁酸含量极微，青贮品质较好；80% 笋壳＋20% 麦麸或 85% 笋壳＋15% 麦麸青贮样品乳酸含量低，pH 值较高，有一定量的丁酸，青贮品质较差。刘大群等（2015）选用新鲜竹笋经蒸煮加工后剩下的副产物笋壳，分别添加 10% 麦麸、15% 乳酸菌混合液（干酪乳杆菌：植物乳杆菌为 1:1，菌数密度 ≥10^9 CFU/g）、10% 麦麸＋15% 乳酸菌混合液进行青贮，以不添加麦麸和乳酸菌的笋壳单独青贮为对照。青贮 90 天后，检测青贮笋壳常规营养成分、有机酸和氨态氮含量，表明与对照相比，10% 麦麸＋15% 乳酸菌混合液处理显著增加了 CP、乳酸含量（58.5g/kg），显著降低了可溶性碳水化合物和 NDF 含量、pH 值、氨态氮/总氮和丁酸含量，得出添加 15% 植物乳杆菌：干酪乳杆菌为 1:1 的混合液以及10% 的麦麸能改善笋壳青贮品质，可以获得较理想的青贮笋壳饲料。

与玉米青贮一样，在制作笋壳青贮时也可以添加接种剂或酶制剂。例如，贾燕芳（2011）发现添加 0.5% 的丙酸或 2.5g/t 的乳酸能改善笋壳发酵品质，复合添加 0.025% 酶制剂和 2.5g/t 乳酸菌，虽然促进了笋壳中乳酸发酵，但效果不及单独添加 2.5g/t 乳酸菌组。王力生等（2013）研究中设置了 5 种青贮方法，即原料直接青贮的对照组；加玉米粉 10%；加玉米粉和乳酸菌（10＋0.001）%；添加甲酸：乙酸：丙酸＝80：11：9 的混合液，添加量 0.3%；添加 85%～90% 甲酸和 37%～40% 甲醛 1:1 混合液，添加量 3%。笋壳采用塑料袋抽真空密封青贮 45 天，于青贮第 3、5、8、15、23、30 和 45 天分别取样。

结果表明，笋壳单独青贮时 pH 值均达 4.5 以上，氨态氮占总氮比例高达 22.8%，营养物质损失大，青贮效果不理想。添加玉米粉、玉米粉+乳酸菌、有机酸混合液、甲酸+甲醛混合液后笋壳青贮的 pH 值、氨态氮占总氮比例均显著低于对照组，4 种添加剂处理均能显著提高笋壳青贮的 CP、干物质及乳酸含量，改善发酵品质和营养价值，以添加物质的优劣顺序依次为玉米粉和乳酸菌>玉米粉>甲酸+甲醛混合液>有机酸混合液。

Danner 等（2003）研究发现，乙酸是可以稳定提高玉米青贮有氧稳定性的青贮发酵产物，其次是丁酸。丙酸是一种高效的抗真菌挥发性脂肪酸，是由短棒菌苗发酵乳酸生成的次级代谢产物，可通过阻止酵母菌、霉菌等腐败菌对乳酸和可溶还原糖的同化作用，防止青贮饲料的二次发酵，有效地抑制青贮饲料腐败变质，提高青贮饲料的品质。丁酸是由腐败菌和酪酸菌分别分解蛋白质、葡萄糖和乳酸而生成的产物，不含丁酸或含少量丁酸，说明腐败菌、霉菌及酪酸菌的繁殖活动受到抑制，青贮饲料的品质较好。丁酸菌（梭状菌）在无氧条件下分解碳水化合物和乳酸等，产生丁酸、二氧化碳和氢气，使饲料发臭，降低青贮料品质。丁酸发酵程度即为青贮饲料的腐败程度，是鉴定青贮饲料好坏的重要指标（Kung 等，2004）。

3. 微贮

（1）微贮的方法　微贮是指利用微生物菌种发酵贮存牧草、秸秆，即在牧草和秸秆中加入高效、浓缩的优质微生物菌种，使发酵从一开始就处于优势微生物种群控制中，同时为微生物的生长和繁殖创造有利的环境，让这些有益的微生物得以迅速繁殖，从而抑制其有害微生物的活动，达到稳定微贮饲料的目的。

借鉴玉米秸秆青贮发酵的原理，对笋壳进行发酵处理，可实现生产上大规模处理笋壳。该方法的原理是在密封条件下，利用笋壳本身含有或外加的乳酸菌、纤维降解菌等，将物料发酵产生乳酸等有机酸，降低物料的 pH 值，以抑制其他微生物的活动，并且分解纤维，从而达到长期保存笋壳饲料及提高营养价值的目的。发酵笋壳时需要利用专用的粉碎和压榨设备将物料粉碎，并将水分压制到 55%~65%，再放入发酵池中压实密封，或利用专门的裹包设备将笋壳压实并裹包密封。发酵笋壳饲料可长期保存，供全年使用。制作时可以挑选废弃竹笋中的笋头，根据饲养的畜禽种类不同将笋头切碎到一定大小，分别采用蒸汽爆破和超声波预处理，然后进行挤水，将竹笋纤维的含水量脱水到 70%以下，将发酵微生物菌剂 0.2~2kg 与 10kg 粉碎玉米芯混合，再加入 0.2~1kg 食盐和 5~10kg 清水混匀，将发酵菌剂水均匀洒到 100kg 笋壳上，混合好的笋头碎段用手捏时不滴水为宜，进行堆贮发酵，将原料堆的边缘薄膜压实。在微贮料中间温度达到 30～35℃ 并发出醇香味时进行内外翻堆后继续发酵，2～7 天即得笋壳饲料。利用微生物发酵青贮后的笋壳经检测，含 CP16.20%，比稻草高出 3 倍，特别是粗纤维提高 10% 左右，氨基酸的含量高出 20%，是牛、羊、兔的理想饲料。

（2）微贮菌种　微贮的微生物菌种主要有乳酸菌、纤维分解菌、丙酸菌等。乳酸菌的种类很多，能使糖分发酵产生乳酸，乳酸可引起原料 pH 值急速降低。由于青贮原料含水量大，一般青贮原料在收割后，都需要经风干晾晒，使含水量降至 45%～55%，好气的霉菌和腐败菌的活动受到抑制，但乳酸菌的活动也同样受到抑制。在田间牧草和秸秆表面的微生物区系中，通常只有含量很少的乳酸菌。据国外专家对 9 种牧草进行研究后发现，只有 2 种牧草的乳酸菌数超过 100CFU/克，有 6 种牧草不足 10CFU/克。牧草也可以从农具中接种乳酸菌，但这种接种是不受控制的。如果这时在青贮原料中接入大量优良品质的乳酸菌种，可有效地抑制有害菌的活动，从而保证了微贮饲料的稳定品质。

纤维分解菌所产生的酶能分解牧草和秸秆中的纤维素和半纤维素，它可将家畜难以消化的纤维素和半纤维素中的多糖类降解为单糖和挥发性脂肪酸等。其单糖又可以被乳酸菌利用，挥发性脂肪酸为反刍家畜最大的能源。由乳酸菌和纤维分解菌配伍的组合是一种共生、优势互补的组合。丙酸菌具有良好的防氧化作用，可以和其他菌种联合使用。

（3）微贮的优势　微贮饲料具有成本低、效益高、消化率高等优点。因为微贮过程中，在一些活菌的作用下可使木质纤维素大幅度降解，并被转化为乳酸和挥发性脂肪酸，加之所含的酶（纤维分解菌所产生的纤维分解酶）和其他生物活性物质的作用，提高了牛、羊瘤胃微生物区系中的纤维素酶和解脂酶的活性。笋壳经微贮发酵后，质地变软，并具有酸香味，可刺激家畜的食欲及消化液的分泌和肠道蠕动，从而提高了家畜的采食量，牛、羊对微贮饲料的采食速度可提高 40% 左右，采食量可增加 20%～40%。同时，制作微贮饲料的季节比青贮要长。青贮制作时间只能在每年很短的收获季节进行，其时也正值农忙，许多时候青贮制作会同农业争劳力。而制作微贮饲料从理论上来讲适宜的时间较长，最合适温度在 10～40℃，这一温度较适合微生物繁殖、生长，但北方一些地区冬季制作微贮时只要不结冰都可以进行。因此，只要避开夏季高温高湿和冬季结冰的气候，都可以制作微贮饲料。另外，发酵活干菌的保存期长，在常温条件下它可以保存 18 个月，而在 0～4℃ 的条件下，则可保存 3 年左右。

（4）微贮的应用　王音等（2014）利用霉菌、芽孢杆菌、酵母菌和乳酸菌混合发酵笋壳生产动物饲料。结果表明，当纤维素分解菌 N2、N8 和芽孢杆菌 BX2 以 3∶2∶1 的比例接种 10% 在固体培养基中发酵 24 小时后同时接入 2% 的乳酸菌 H7 和 2% 的酵母菌 G16 再发酵 48 小时，其发酵产品中 CP 含量得到有效提高，且外观良好。

☞　四、动物饲养技术与效果　☜

笋蔸、笋壳与鲜笋等竹笋加工的下脚料，经过青贮、晒干、粉碎，可直接饲喂牛、羊、兔，也可经过处理后作为配合饲料的原料使用（余斌，2016）。

1. 笋壳喂牛

笋壳的营养价值较高，可以再经过适当的处理，降低纤维含量或者粉碎过后，饲喂草食动物。特别是青贮笋壳，在浙江等竹林产区得到了大力发展，如下图为牛场制作的青贮笋壳和奶牛正在采食青贮笋壳。

牛场的青贮笋壳及奶牛采食青贮笋壳

陈芳等（2013）以青贮笋壳替代苜蓿干草在奶牛生产中的应用，奶牛各项血清生化指标均没有发现异常。Liu 等（2000）研究也表明饲喂青贮笋壳可提高奶牛采食量、瘤胃干物质降解率、饲料转化率及生产性能。傅宪华等（1997）用 50% 的青贮笋壳代替青贮玉米秸喂泌乳奶牛，其日产奶量无变化，而当用鲜笋壳代替部分青干草喂泌乳牛，有提高产奶量的作用。当用 7.5kg 和 10kg 鲜笋壳分别代替 2.1kg 和 2.3kg 青干草，奶牛产奶量比试验前提高 1.96% 和 1.99%，而同期对照组奶牛产奶量比试验前降低了 5.9%。

需要注意的是，如果青贮窖密封不严、排水不畅，窖贮笋壳丁酸发酵盛于乳酸发酵，丁酸发酵过程中酪酸菌分解氨基酸，生成有毒的胺类，形成恶臭，会导致笋壳色泽褐黑、霉变、腐烂发臭，饲喂牛群易出现中毒等现象，临床主要现为蹄病、关节炎、繁殖障碍等。青贮窖或袋密封不严，还可使霉菌生长，消耗青贮料中的乳酸，从而为腐败细菌以及其他不良细菌的活动准备了适宜的环境，使青贮料迅速败坏，产生毒素。毒素吸收到组织器官，引起了组织的损伤，造成预产期提前、弱胎死胎、胎衣不下、子宫内膜炎、肢蹄病、繁殖障碍以及乳房炎等临床疾病（应如朗等，2000）。

若青贮笋壳质量发生问题，应立即停止饲喂，增喂优质青贮玉米，并给以充足的优质青绿饲料和干草。可在日粮中添加1%的碳酸氢钠，以缓解中毒。对病畜逐一采取对症治疗，特别是对有消化道病症的进行补液，治疗原则为强心利尿。

2. 笋壳喂羊

在我国南方，竹笋的产地往往和肉羊产地交错，因此，利用笋壳喂羊技术也逐步成熟和发展，现在正在大力开发的除了青贮笋壳外，还使用颗粒技术制作羊饲料以提高其保存时间和增加流通运输能力。

湖羊正在采食笋壳颗粒饲料

王一民等（2013）以花生秧干草粉和青贮笋壳为主的日粮饲喂对105～180日龄的奶山羊公羊。结果表明：青贮笋壳饲料饲喂组日增重达到133.5g/天，青贮笋壳饲喂料为主的奶山羊比花生秧干草粉为主的奶山羊日均增重高26.6%，平均降低单位增重成本35.5%。说明青贮笋壳料对肉羊生长性能和成本方面显著优于花生秧干草粉。

倪晓燕等（2010）进行了竹叶复合颗粒饲喂成年羊和羔羊的试验，结果表明，成年羊饲喂竹叶颗粒饲料日增重相比对照组提高了249.71%；羔羊比对照组日增重高出361%，且只均增收151.13元，只均增加利润108.53元。

余斌（2016）选择3月龄羔羊40只，随机分为2组，每组20只。试验组饲喂日粮成分：50%笋壳发酵料+豆渣；对照组饲喂日粮成分：豆渣+干草粉+玉米。通过试验组和对照组数据比较，肉羊饲喂竹笋废弃物发酵料虽比饲喂豆渣+干草+玉米日增重略低，但也可明显提高日增重，并且净增收明显增加，作为育成羊日粮是可行的。

3. 笋壳喂兔

笋壳经过处理和合适配比后也可以作为兔的饲料。例如可以用高粱粉70~80kg、红薯粉40~50kg、鱼油4~5kg、蘑菇粉6~9kg、咸肉5~10kg、番茄汁10~14kg、笋头2~4kg、笋壳10~12kg、笋节7~9kg、笋衣5~7kg、米酒糟12~16kg、鱼粉10~15kg、梅干菜17~21kg、莴笋20~25kg、石榴花4~5kg、香料粉3~4kg、诱食剂3~4kg，与水适量混合制成的竹笋兔饲料，营养健康，富含丰富的蛋白质、碳水化合物、脂肪、矿物质及微量元素、维生素等营养元素，味香爽口，适口性好、安全性高，兔子食用后抗病能力增强，同时提高了饲料利用率。

叶泥等（2011）评定了麻竹笋加工后笋节剩余物作为肉兔饲料的效果，试验采用单因子随机区组试验设计，将48只40日龄、体重相近的健康新西兰兔随机分为4组，每组6个重复，每个重复2只，分别饲喂笋节含量为0、10%、20%和30%的日粮；试验期为37天，其中预试期为7天，正试期为30天。结果表明，麻竹笋笋节干物质、CP、粗纤维、EE、钙和磷的含量分别为93.65%、14.87%、25.93%、2.65%、1.36%和0.28%；颗粒饲料中添加20%麻竹笋笋节能改善肉兔生长性能，而不影响健康。

第二节　茶副产物的饲料化利用

☞ 一、概况 ☜

1. 茶树种植和分布情况

茶（*Camellia sinensis*（L.）O. Kuntze）也称茶树，与咖啡、可可并称为世界三大饮料作物之一，属于山茶科山茶属植物，常绿乔木或灌木。茶树原产我国西南地区，迄今已有6 000万~7 000万年历史。我国是世界上最早发现、利用、栽茶、制茶的国家，迄今已有3 000年历史，各国对茶的认识、利用、生产大多由我国直接或间接传入。茶树经过世世代代的繁衍和广泛的传播，经受着多种多样的生态和生产条件的长期影响以及人工驯化和选择的作用，形成了十分丰富的品种资源。目前已发掘的茶树地方品种或类型约有 500 个；近 20 年来，据不完全统计，全国各有关单位选育出的茶树新品种、品系，也有 100 余个；在西南、东南茶区，还蕴藏着许多性状奇特的野生大茶树和茶树的近缘植物。

茶园　　　　　　　　　　　　　　　　　　　　茶树叶

茶树喜温怕寒、喜酸怕碱、喜湿怕涝、喜光怕晒，生长适宜温度为 20~30℃、土壤 pH 值为 4.5~5.5、空气湿度为 80%~90%、土壤水分在 50%~90%、光照强度为 25 000~35 000lx，自南纬 45°至北纬 38°间均可栽培。世界范围内，除南极洲外，其余六个洲共 58 个国家和地区均有茶树种植和生产。我国茶区主要分布于北纬 33°以南，东经 98°以西，在这个大约 280 万平方千米的近似长方形地带，全国 18 个省区市——江苏、浙江、安徽、福建、江西、山东、河南、湖北、湖南、广东、广西、海南、重庆、四川、云南、西藏、山西、甘肃等均产茶。此外，我国台湾地区的茶树种植量也较大。

2. 茶叶产销情况

茶叶是茶树上采摘的新梢（茶树萌芽生长的嫩梢，通常包括顶芽、顶芽往下的第 1~4 叶以及着生嫩叶的梗，又称之为鲜叶、茶青）加工制成的一种低热、无酒精饮料。按照发酵类型，分为六大类茶：绿茶为不发酵茶，主要有龙井、碧螺春、竹叶青等；黄茶同样为不发酵茶，主要有蒙顶黄芽、霍山黄芽等；乌龙茶属于半发酵茶，主要有铁观音、武夷岩茶、章平水仙等；白茶也属于半发酵茶，主要有君山银针、白毫银针、白牡丹等；红茶属于全发酵茶，主要有正山小种、祁门功夫、金骏眉等；黑茶属于后发酵茶，主要有云南普洱、茯砖茶、六堡茶等。此外，茉莉花茶等其他茶类的产量也在逐年上升。

据 FAO 统计，2013 年世界产茶 534.6 万 t，产量依次为亚洲、非洲、美洲、大洋洲、欧洲，其中亚洲占世界总产量的 84.7%。世界产茶前五位的国家和地区分别为中国、印度、肯尼亚、斯里兰卡以及越南。2013 年世界茶叶出口量为 205.1 万 t，其中肯尼亚以 44.9 万 t 排第一，占世界出口量 21.88%，其次为中国（不包括台湾、香港、澳门）32.6 万 t，占比为 16.17%、斯里兰卡和印度。我国（不包括台湾、香港、澳门）2013 年产茶 192.4 万 t，占世界产量的 36%。近年来，我国茶叶种植面积和产量持续上涨，2015 年，全国 18 个产茶省区市茶园面积共计 4 316.2 万亩，茶园采摘面积 3 387.2 万亩，干毛茶产量 227.8 万 t。绿茶是我国的主产茶类，其产量占总产量的 63.14%，也是我国出口茶叶主要茶类，占出口总量的 83.7%，其出口量和出口额在世界绿茶贸易中占据绝对优势地位；黑茶产量排第二，其产量占总产量的 13.04%；乌龙茶和红茶产量相当，分别占总干毛茶总量的 11.35% 和 11.33%，其中红茶是世界贸易中的主要茶类，但我国国际竞争力不强；白茶和黄茶产量较低，仅分别占总产量的 0.97% 和 0.15%。

3. 茶副产物产量

茶副产物是茶叶在种植、加工、深加工、消费等过程中产生的以茶叶生物质为主体的废弃物总称，主要包括有：茶园残留物（如废弃的茶花、果壳果核、修剪下的枝叶等）；加工过程中产生的碎茶、粗老梗叶和茶灰等；茶饮料、速溶茶、茶多酚和茶油等茶叶深加工产生的茶渣、茶粕以及茶叶饮用后产生的茶渣。这些茶副产物与茶叶一样，不仅含有许多有益成分，还含有多种特殊生化成分。茶副产物资源丰富，价格低廉，无毒无害，功效明显，已被越来越多地引入到畜牧业和饲料加工业研究应用中。根据其来源和产量情况，目前可以进行饲料化利用的茶副产物主要有以下 3 种。

（1）茶渣　也称茶叶渣，通常所说的茶渣是一个模糊的概念，主要来源有 3 个方面：其一是茶叶加工厂的副产品，它是茶叶加工过程中产生的碎茶（约占成品茶总产量的 10% ~ 30%）、粗老梗叶以及茶灰等的混合物，甚至添加了一部分茶园修剪下的枝条和老茶叶。据估计，每吨绿茶产生副产品 30kg，每吨红茶产生副产品 30 ~ 50kg，粗略概算，我国可年产此类茶渣 7 万 t 左右。其二是茶叶深加工厂，主要是速溶茶、茶饮料、医药保健药品提取过程中产生的茶渣。我国茶叶深加工起步较晚，用茶占总茶叶产量的 6% ~ 8%，其中 70% 以上是茶渣，推测我国年产此类茶叶渣 10 万 t 左右。其三是从各大茶楼、餐馆搜集的饮用后的茶叶渣，其中茶叶渣占浸泡茶叶的 90% 以上，我国茶叶消费量为 176 万 t，其中约 1/3 为茶楼、餐馆等消费，可以收集茶渣 50 余万 t。3

种茶叶渣年产总量近 70 万 t，数量十分可观，然而目前如此多的茶叶渣常常被当做工业废料抛弃或用作田间肥料，不仅造成了资源的极大浪费，同时还产生环境污染问题。

茶渣（源自茶叶加工厂）　　　　　　　　　　　　茶渣颗粒

（2）茶叶　由于我国茶园面积和茶叶产量不断上升，而内销和外销量较为稳定，以 2015 年为例，全年年产茶叶 227.76 万 t，而国内消费估计为 176 万 t，全年出口 32.5 万 t，加上尚有往年老茶销售，因此，除去本国消费和出口，还有大量茶叶积压，特别是低档绿茶，年产数十万吨，部分最终被丢弃或沤肥。此外，我国的茶叶生产主要是以春季新茶为主，夏秋季节尚有数十万吨的茶叶资源，其主要成分与春茶相似，但除了极少数企业对此进行低效利用外，绝大部分都白白浪费。

茶叶（成茶）　　　　　　　　　　　　　　茶渣（冲泡消费后）

（3）茶粕　又称茶籽粕、茶籽饼、茶枯、茶麸等，是茶籽榨油或进一步提取皂素后剩下的富含脂肪、糖类、蛋白质、茶皂素、茶多酚的茶籽饼粕。据报道，我国茶园每公顷产茶籽375kg，按照2015年的茶园面积计算，年可产茶籽108万t，茶籽榨油的出油率为15%左右，因此，如果全部利用，可生产16万t茶籽油及90余万t茶粕。茶叶籽油中含有丰富的维生素E，并含有不饱和脂肪酸，其中亚油酸的含量在同类油脂如油茶籽油、橄榄油中最高，并具有清热解毒、润肠通便、降血脂、保护心血管系统等功能，是一种良好的功能性油脂。然而，尽管我国人民很早就知道可以从茶籽中提取茶籽油，但迄今为止，除少数茶籽被混入油茶籽中一起提取油脂外，大部分茶籽被作为废弃物焚烧或丢弃了。通常情况下所说的茶粕是指油茶籽榨油后或进一步生产皂素、木糖醇等的副产品。油茶（*Camellia oleifera*）亦属山茶科山茶属，为常绿小乔木或灌木，与油棕、油橄榄和椰子并称为世界四大木本食用油料树种。我国油茶种植面积目前已达400万hm²，年总产油茶籽60余万t，油茶茶籽含油率为26%～39%，按机榨得油率70%计算，年产茶粕40万t左右。

饼状—未加工　　　　　　　粉碎颗粒　　　　　　　压榨颗粒

☞ 二、营养价值 ☜

（一）茶叶和茶渣

在茶的鲜叶中，水分约占75%，干物质由3.5%～7.0%的无机物和93.0%～96.5%的有机物组成。到目前为止，茶叶中经分离、鉴定的已知化合物有700多种，构成这些物质的无机盐的基本元素多达30余种。茶叶中的化学物质及含量随着茶叶品种、产地、采摘期、老嫩度、加工工序等不同而有较大差别。茶叶深加工或饮用后的部分内含物质被提取或溶解出来，但是提取率都很低，茶叶中大部分可以被利用的有效成分都残留在茶渣中。表6-3至表6-7列出了各类茶渣营养成分及家畜消化性状。

表6-3 茶渣的营养组成及肉兔消化能（率） （单位：MJ/kg,%）

项 目	GE	DM	EE	CP	NFE	CF	NDF	ADF	ASH
含量	17.17	89.60	2.10	22.50	40.00	20.90	35.54	26.21	4.10
消化（能）率	8.71	60.21	86.54	58.69	71.68	22.45	32.42	25.64	

注：茶渣来自茶叶加工厂。资料来源，四川省畜牧科学研究院试验

表6-4 不同茶渣的化学成分 （单位:%）

茶渣类型	DM	CP	CF	Ca	P	单宁	缩合单宁
绿茶渣	90.66	28.11	16.68	0.58	0.23	2.1	1.57
花茶渣	90.73	23.23	17.84	0.63	0.25	1.98	1.47
混合茶渣	90.63	25.23	17.27	0.60	0.23	2.04	1.53

注：茶渣来自茶楼、饭馆。资料来源，潘发明，2010

表6-5 绿茶渣在绵羊上的体外干物质和粗蛋白降解率 （单位:%）

DM 的瘤胃液降解率	DM 的瘤胃液+HCL-胃蛋白酶降解率	CP 的瘤胃液降解率	CP 的瘤胃液+HCL-胃蛋白酶降解率
25.67	25.47	16.68	17.69

注：茶渣来自茶楼、饭馆。资料来源，潘发明，2010

表6-6 青贮绿茶的化学组成（DM） （单位:%）

营养物质	DM	CP	NDICP	ADICP	NDICP,%CP	ADICP,%CP
含量	19.6	34.8	4.8	1.6	13.8	4.7
营养物质	EE	NDF	ADF	总酚类	总的可溶性单宁	缩合单宁
含量	7.1	31.0	24.1	11.39	9.23	1.67

注：茶渣来自茶饮料公司；NDICP 为中性洗涤不溶性粗蛋白；ADICP 为酸性洗涤不溶性粗蛋白。数据来源：Makoto Kondo, 2004

表6-7 绿茶渣及其不同青贮方式的化学组成（DM）
和在绵羊上的消化率 （单位:%）

化学组成	绿茶渣	普通青贮	添加 FG1+AUS 青贮	
			化学组成	消化率
DM	25.8	25.5	25.2	70.6
有机物	96.9	96.9	96.7	71.6
CP	30.7	31.0	31.3	74.6
EE	5.8	6.0	6.1	50.7

（续表）

化学组成		绿茶渣	普通青贮	添加 FG1+AUS 青贮	
				化学组成	消化率
ADF		23.5	23.2	21.5	50.2
有机细胞壁		49.5	49.2	45.8	52.7
有机细胞含量		47.4	47.7	50.9	94.1
能量		—	—	—	67.4
营养组成	总可消化养分	—	—	71.1	
	可消化粗蛋白	—	—	23.9	
	可消化能	—	—	13.0	
儿茶素	EGC	1.33	1.18	1.31	
	EGCg	0.83	0.70	0.79	
	EC	0.27	0.22	0.05	
	ECg	0.15	0.05	0.14	
单宁		4.38	3.98	4.22	
咖啡因		1.08	1.05	1.02	
维生素 （mg/100g DM）	胡萝卜素	18.4	17.24	18.22	
	维生素 E	30.02	29.21	29.48	

注：FG1，植物乳杆菌；AUS，孢霉纤维素酶；EGC（—），没食子儿茶素；EGCg（—），没食子儿茶素没食子酸酯；EC，儿茶素；ECg，儿茶素没食子酸酯

资料来源：Xu Chun cheng 等，2003

1. 粗蛋白含量高、氨基酸种类丰富

茶叶中蛋白质含量与茶叶等级有较大关系，原料越嫩，蛋白质含量越高，一般占茶叶干重的 20%~30%，与优质牧草相当或稍高，其中水溶性蛋白含量极少，主要是难容的谷蛋白（82.05%）和醇溶蛋白（13.61%），此外还有少量可溶的白蛋白（3.47%）和球蛋白（0.87%）。来自茶叶加工厂的茶渣粗蛋白含量与茶叶相近或更低，其他两种来源的茶渣，由于茶叶经冲泡或浸提后进入茶汤的蛋白质很少，只占茶叶蛋白质总量的 2%左右，大部分难溶的茶叶蛋白都留在茶渣中，因此茶渣中粗蛋白的含量稍高于相应的茶叶，粗蛋白含量为 22%~35%，主要是由难溶的谷蛋白和醇溶蛋白构成，对这一部分蛋白质的提取和利用是当前科研学者关注的问题。提取茶叶蛋白的方法主要有碱溶法、酶法和复合法。由于茶叶蛋白绝大多数不溶于水，因此提纯后茶叶蛋白的应用会受到一定的限制，以稀酸法和酶法对茶叶蛋白适当改性，使蛋白质分子发生降

解，肽链变短，极性增强，其溶解性、吸水性、吸油性、乳化、胶凝性等性质发生改变，各项性质接近或优于大豆浓缩蛋白。茶叶中氨基酸含量丰富，随着检测技术的进步，目前在茶叶中发现并鉴定出的氨基酸共有31种，总含量在27.92%~66.14%，其中游离氨基酸含量在1.23%~2.24%。茶氨酸是茶叶中含量最高的游离氨基酸，具有焦糖香和鲜爽味，是茶叶中生津润甜的主要成分。茶渣中游离氨基酸含量在1.11%~1.37%，茶渣蛋白中氨基酸组成齐全，其中谷氨酸、天冬氨酸和亮氨酸的含量最高，分别达到了12.27%、9.24%和10.22%，且含有动物体所需的8种必需氨基酸以及2种半必需氨基酸，其氨基酸组成见表6-8。

表6-8　茶渣蛋白的氨基酸组成　　　　（单位：g/100g蛋白质）

氨基酸	含量	氨基酸	含量	氨基酸	含量
天冬氨酸 Asp	9.24	精氨酸 Arg	5.12	苯丙氨酸 Phe	6.22
谷氨酸 Glu	12.27	丙氨酸 Ala	5.91	异亮氨酸 Ile	5.78
丝氨酸 Ser	3.45	酪氨酸 Tyr	3.21	亮氨酸 Leu	10.22
组氨酸 His	2.15	半胱氨酸 Cys-s	0.09	赖氨酸 Lys	4.90
甘氨酸 Gly	5.30	缬氨酸 Val	6.79	脯氨酸 Pro	5.11
苏氨酸 Thr	2.96	蛋氨酸 Met	1.41	色氨酸 Trp	1.69

资料来源：张士康等，2012

2. 糖类丰富、粗纤维含量低

茶叶中的糖类物质在茶叶加工过程中会产生美拉德反应和焦糖化反应，使茶叶产生令人愉快的香气。茶叶中的碳水化合物包括单糖、寡糖、多糖及少量其他糖类。单糖和双糖是构成茶叶可溶性糖的主要成分，茶叶中的单糖主要为己糖，占茶叶干重的0.3%~1.0%，以葡萄糖、半乳糖、果糖、甘露糖最常见；双糖含量占0.5%~3.0%，主要是蔗糖，加工过程中还形成少量麦芽糖。多糖含量占到茶叶干重的20%以上，主要为纤维素、木质素、半纤维素、淀粉、果胶等物质。茶叶中粗纤维主要由纤维素、半纤维素和木质素构成，其含量与叶片成熟度、叶位、品种、季节的关系较大，一般占茶叶干重的15%~25%。成茶中粗纤维含量差异较大，一般与茶叶等级的相关性较大。红茶品质与粗纤维呈负相关，等级越高，粗纤维含量越低，国际红茶规格中就规定了红茶中最高粗纤维含量为16.5%。绿茶品级与粗纤维含量也有类似红茶的相关性，黑茶在各类茶中粗纤维含量最高，砖茶中更是高达38.8%，但这类茶以及乌龙茶等粗纤维含量高低并不能代表茶叶品质。来自茶叶加工厂的茶叶渣为茶叶加工过程中的下脚料混合物,粗纤维含量较成茶高,一般在 20% 以上,在畜禽上常作为粗饲料进行利用;而来自茶叶深加工厂以及茶叶冲泡消费后的茶叶渣粗纤维含量较低,但要高于相应的成茶,绝大部分在 18% 以下。

3. 粗脂肪含量较高

茶叶中粗脂肪含量占干物质总量的 4%~11%,随着发酵程度的加深,含量逐渐下降。茶叶中的粗脂肪包括脂肪酸、磷脂、甘油三酯、糖脂和硫脂等,含有 13 种脂肪酸,以亚麻酸含量最高,其次为棕榈酸和亚油酸,这 3 种脂肪酸的含量之和占总脂肪酸含量的 84%~89%。茶叶中脂肪酸氧化降解是形成茶叶香气的重要过程,尽管茶叶中粗脂肪不易溶于水,但大部分为不饱和脂肪酸和短链脂肪酸,在茶叶深加工和消费浸泡过程中容易伴随溶出物流失,茶渣中粗脂肪含量约为成茶的 20%~50%,一般为 1.5%~4.5%。

4. 灰分与矿物质

茶叶灰分是茶叶在 55℃ 灼烧灰化后的残留物,其主要组成是矿物质元素的氧化物。茶叶中常量和微量矿物质元素含量丰富,目前,除了碳、氢、氧、氮以外,还鉴定出钾、钙、钠、镁、铝、锌、铁、锰、铜、硫、磷、硒、氟等 27 种矿物质元素,其中大多数是动物机体所需的元素。茶叶中的矿物质元素可分为主量元素碳、氢、氧、氮、钾、钙、镁、硫,有益微量元素铝、锌、铁、锰、铜、硫、磷、硒等,有害微量元素铅、镉、砷、汞等。我国国家标准规定茶叶的灰分含量为 4.0%~7.5%,由水溶性灰分和水不溶性灰分组成,前者占总灰分比例的 60% 左右。由于部分溶于水的矿物质离子成分随浸出物溶出,导致茶渣的总灰分含量减少,但仍保留其相应茶叶的 60% 以上,一般为 3.3%~4.7%。

5. 茶多酚

茶多酚是茶叶中含有的一类多羟基酚类化合物的总称,占茶叶干重的 6%~22%,通常优质绿茶中的茶多酚含量相对较高,其主要成分为儿茶素类、黄酮类、黄酮醇类、酚酸类、花青素类、缩酚酸类以及聚合酚类等,其中儿茶素类化合物(黄烷醇类)是茶多酚的主体成分,占茶多酚总量的 65%~80%,俗称单宁,是茶叶中的主要抗营养因子。单宁中的酚基或其氧化产物醌基能和蛋白质或酶的活性基团结合生成不溶性复合物,大大降低蛋白质利用率,丧失酶的活性,单宁进入动物消化道后,能与肠道分泌的蛋白质消化酶结合,抑制其活性,从而降低蛋白质的消化率,单宁可与唾液蛋白和糖蛋白质在口腔中相互作用产生苦涩的味觉,降低动物的采食量。单宁在胃肠道内能与黏膜蛋白质结合,在其表面形成不溶性复合物,损伤肠壁功能,抑制一些营养元素的吸收，如钙和铁等，使动物造成缺钙或缺铁等营养问题，影响其生长。但是，饲料中适量的单宁却可以明显提高断奶仔猪和肉鸡消化道酶的活性，改善营养物质的消化率，进而改善生产性能。茶多酚不仅是形成茶汤味道的主要成分，更是茶叶中的主要活性物质或药效成分，大多数属于水溶性物质，冲泡时可以溶解于水中。茶叶深加工后形成的茶渣中茶多酚的含量保留了相应茶叶的60%以上。一般绿茶渣茶多酚含量在10%左右，普洱茶渣茶多酚含量在4%左右。茶多酚具有抗氧化、延缓衰老、防止色素沉淀、除臭、防龋齿、抗菌消毒、降血糖、血脂、防癌等众多生物学功能，因此被广泛应用于食品、医药领域。

6. 其他活性成分

其他还有生物碱、维生素、芳香类物质等。茶叶中的生物碱主要是嘌呤类生物碱，其含量最多的是咖啡碱，占3%~5%，其次有可可碱和茶叶碱。茶叶中的维生素含量丰富，达16种，分别有水溶性的B族维生素（B_1、B_2、B_6、B_{11}等）、维生素C以及脂溶性维生素A、维生素D、维生素E、维生素K等，占干物质的0.6%~1.0%。绿茶中维生素C和维生素A原（胡萝卜素）的含量最高，100g绿茶中含有维生素C约180mg，胡萝卜素5.46mg。芳香物质是茶叶中含量极低而种类繁多的挥发性香气组分物质的总称。茶叶中芳香物质含量约占茶叶干重的0.005%~0.3%，主要组成包括碳氢化合物，醇类、酮类、酸类、醛类、酯类、酚类、过氧化物类、吡啶类、内酯类、芳胺类等700余种物质。

（二）茶粕

茶籽是茶叶生产过程中数量最多的一项副产物。据测定，茶籽由23%~27%的果壳、23%~27%的种壳和43%~47%的种仁组成，其中种仁含有35%的脂肪、20%的淀粉、11%的蛋白质、12%的皂素、11%的木质素和2%的灰分。茶籽目前主要用于提取茶籽油和皂素，而它们分别仅占茶籽的25%和15%。大部分有效物质仍在茶籽饼中，具有较高的营养价值。但由于茶籽中的茶皂素、单宁等抗营养因子同样进入到茶粕中，使得其适口性差、毒性大，限制了其在饲料上的应用，一般用来清塘或作为肥料等。随着研究的深入，特别是去皂工艺的进步，茶粕作为一种优质粗饲料，应用前景广阔。由于受到茶籽品种、产区分布及采收季节、提油工艺以及茶粕加工工艺等的影响，茶粕的营养成分含量变化较大。

1. 主要营养价值

茶粕营养丰富，主要营养成分接近麦麸，同时矿物质含量丰富，是一种非常优质的配合饲料原料，营养价值见表6-9。一般含10%~20%的粗蛋白、

15%~25% 的粗纤维、0.5%~7.0% 的粗脂肪、30%~60% 的糖类物质、20%~
50% 的无氮浸出物、8~10MJ/kg 的消化能。茶粕中粗蛋白含量主要以清蛋白和
谷蛋白为主，分别占总蛋白含量的 45.86% 和 40.33%，而醇溶蛋白和球蛋白
含量较少，分别占总蛋白含量的 4.25% 和 5.62%。茶粕蛋白质中含有 18 种氨
基酸，包括畜禽生长所需的 8 种必需氨基酸和 2 种半必需氨基酸，氨基酸组成
均衡性较差，限制了其在畜禽上的应用，其中苏氨酸、谷氨酸、组氨酸和精氨
酸等含量较为丰富，具体含量见表 6-10。茶粕浸提茶皂素后，对氨基酸含量
和组成无显著影响，氨基酸总量仅降低 1.01 个百分点，必需氨基酸也只降低
了 0.52 个百分点。

表 6-9　茶粕常规养分含量及比较　（单位:%）

名称	干物质	粗蛋白	粗脂肪	粗纤维	无氮浸出物
茶粕（压榨）	88	10.0~20.0	0.5~7.0	15.0~25.0	20.0~50.0
玉米	86	7.8~9.4	3.1~5.3	1.2~2.6	61.3~71.8
菜粕	88	35.7~38.6	1.4~7.4	11.4~11.8	26.3~28.9
麦麸	87	14.3~15.7	3.9~4.0	6.5~6.8	56.0~57.1

资料来源：胡官波，2014

表 6-10　茶粕氨基酸测定结果（压榨法，88%干物质基础）　（单位:%）

氨基酸	Asp	Thr	Ser	Glu	Gly	Met	Val	Cys	Ile
含量	1.08	0.68	0.74	1.54	0.68	0.13	0.58	0.21	0.57
氨基酸	Tyr	Phe	Lys	His	Arg	Pro	Ala	Leu	Trp[*]
含量	0.28	0.34	0.36	0.19	0.83	0.27	0.65	0.78	0.21

注：* 表示是茶籽仁中的色氨酸含量。资料来源：刘晓庚，1996

茶粕中茶籽多糖含量很高，主要有几种糖类成分，其中有半乳糖、阿拉伯
糖、葡萄糖、鼠李糖、木糖等含量各不相同，但是其成分大多是对人的身体健
康有重要作用的功能因子。此外，茶粕中含有钴、铜、锌、锰、铁等多种动物
必需的矿物质元素，它们在维持动物体代谢平衡及正常的生理发育方面起着重
要作用，钾、镁、钙、铁、锰等的含量较为丰富，而有毒有害重金属铅、镉的
含量较低。茶粕矿物质元素测定结果见表 6-11。

表 6-11　茶粕中矿物质元素测定结果　　　　　　　（单位：mg/100g）

元素	K	Mg	Cu	Zn	Mn	Co	Cd	Ni	Pb	Fe	Ca	Cr
含量	1840.0	119.0	2.0	6.5	38.0	8.4	1.2	20.0	4.4	60.0	100.0	接近0

资料来源：聂长明，1997

　　茶籽提油后，茶粕中尚有残油 0.5%~7%。茶籽油含有较高比例的不饱和脂肪酸以及生育酚、植物甾醇和角鲨烯等，主要脂肪酸为油酸、亚油酸和棕榈酸，单不饱和脂肪酸占 77.5%~84.44%，这些物质容易被动物体吸收，具有降低胆固醇，预防和治疗高血压、心血管疾病的作用。

　　2. 主要抗营养因子

　　茶中的主要抗营养因子有茶皂素，此外，还有 2%~6.72% 的单宁，1.63%~3.72% 的生物碱，0.18%~0.22% 的黄酮，陈久的茶粕中还含有微量的植酸。茶皂素又称茶皂苷，是由皂苷元、糖体、糖醛酸和有机酸四部分组成的五环三萜化合物，结构较为复杂，存在于茶和同属山茶科植物的种子、根、茎叶和花中，其在茶籽中的含量最高，经过压榨提取茶油后的茶粕一般含有 12.9%~13.34% 的茶皂素。茶皂素是一种天然的非离子表面活性剂，具有非常广泛的用途，在食品工业中用它做助泡剂和起泡剂，在农药工业上用它做乳化剂和灭虫剂，在医疗上有祛痰消炎、镇痛止咳及抗菌等功效，常用作灭菌剂和消毒剂；在日化工业中用它做洗涤剂，其去污能力强，而且不受水的硬度影响，不损织物，是毛纺、丝织等高档衣料的优质洗涤剂，用它做原料配成高级洗发护发用品，其洗发、去头屑和护发效果良好，在林产工业中用它做乳化剂和胶黏剂，在采矿和选矿业中用它做浮选剂等。茶皂素对动物红细胞有破坏作用，产生溶血现象，仅对血红细胞产生溶血，而对白细胞没有影响。因此茶皂素对鱼类有毒性作用，而对虾类无毒性作用。其溶血机理认为是茶皂素引起含胆固醇的细胞膜通透性改变所致，最初是破坏细胞膜，进而导致细胞质外渗，最终使整个红细胞解体。发生溶血作用的前提是茶皂素必须与血液接触，因此在人畜口服时是无毒的。茶皂素味苦而辛辣，刺激鼻腔黏膜引起喷嚏，如果饲料中含有一定量的茶皂素会有苦辛辣味，引起动物打喷嚏，影响口感，是茶粕中最重要的抗营养因子，它的大量存在限制了茶粕在饲料上的使用。但适量的茶皂素对动物生长有一定的促进作用，并能提高机体免疫力。一般茶粕中残留的茶皂素含量在 1% 以下时，即可大量应用于饲料中。

　　近年来，茶粕在畜禽上的应用研究逐渐增多，大多开展茶粕脱毒后或进一步生物发酵后生产高蛋白饲料后直接添加到畜禽日粮中的应用研究，尚未发现有其在畜禽上的消化或代谢试验的报道，今后可以开展茶粕在牛、羊、兔、禽等的消化和代谢试验，以为茶粕的饲料化利用提供依据。

☞ **三、加工利用技术** ☜

（一）茶叶

茶叶的加工利用技术简单，通常可饲料化的茶叶是低档绿茶以及陈年老茶，已经经过茶叶加工厂的炒制，水分含量低，保质期长，通常进行粉碎添加到畜禽日粮中。近年来，随着超微粉碎技术在饲料上的应用，将茶叶超微粉碎后进行添加，有效地提高了茶叶的利用效率。夏秋季节的茶叶较多，但一般不进行加工利用，这部分鲜茶可以直接刈割后鲜喂，特别是反刍动物，可以有效地替代一部分草料。此外，也可以采摘后干燥加工成茶粉。

（二）茶渣

茶渣来源不同，其加工利用的方式也不同，一般而言，来自茶叶加工厂的茶渣一般进行鲜喂或干燥后使用，而来自茶叶深加工厂和茶楼、饭馆等消费后的茶渣一般干燥或青贮后使用。

1. 鲜喂

来自茶叶加工厂的茶渣因混合有茶梗、粗老枝叶等加工下脚料，粗纤维含量高，可以作为粗饲料直接用于牛、羊等反刍动物的鲜喂，成本低廉，饲喂方便，但不易保存，也不宜长途运输，限制了其应用。茶叶深加工及茶叶消费后的茶渣含水量更大，一般在75%以上，特别容易发生酸臭腐败，难以进行鲜喂。

2. 干燥

茶渣含水量高，不易保存，干燥法是最常见的茶渣处理方法。通过不同的干燥方法，将茶渣的含水量降低到14%以内，可以有效地提高茶渣的保质期，方便长距离运输和使用。常用的干燥方法有自然干燥和人工干燥法。自然干燥只适用于来自茶叶加工厂的茶渣，将其平铺在空旷的平地或网架上，通过长时间日照或自然风吹使大部分水分蒸发。这种方法的局限性较大，过度依赖天气情况，且干燥效果较差，难以控制茶渣干燥后的含水率，一般在小型茶叶加工厂使用。人工干燥法则是利用烘干机将茶渣中的水分快速蒸发掉，使其水分含量降至14%以下，此种方法可广泛应用于所有来源的茶渣。一般情况下，茶渣在800~1 100℃下经过3~5秒即可将水分含量降至标准范围内；而在40~45℃的低温条件下，则需要几个小时才能烘干至所需要求。目前，随着干燥脱水设备的更新，对干燥设备进行了集成，先将茶渣（特别是来自茶叶深加工厂和茶叶消费后的茶渣）经过重强压脱水，瞬间除去大部分水分，然后进入到茶渣干燥机、茶渣干燥设备内，在推料板和干热风的作用下茶渣沿着与新鲜的干燥热风方向相反的方向进行往返式运动，此过程行程较长，温度相对较低，物料运行较慢，干燥器内是顺流烘干，出料温度仅40℃。整个烘干过程中热能充分利用，茶渣受热均匀，所以烘干的茶渣含水量较为一致，茶渣成色较好。为便于运输，茶渣干燥后，可利用粉碎机进行粉碎，或进行制粒。其流程见下图。

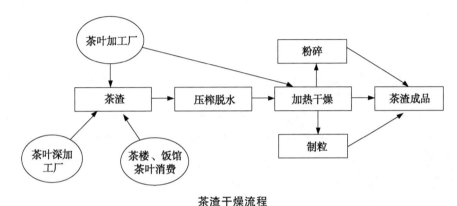

茶渣干燥流程

3. 青贮

青贮就是利用茶渣中存在的乳酸菌，在厌氧条件下进行发酵，使其中的部分糖源转变为乳酸，使青贮料的pH值降到4.2以下，以抑制其他好氧微生物如霉菌、腐败菌等的繁殖生长，从而达到长期贮存的目的。茶渣中水分含量高，特别容易腐败变质，不易保存，通过青贮技术不仅可以提高茶渣的营养价值，改善适口性，降低抗营养因子含量，还能使其长期保鲜，一般应用于反刍动物的饲喂。茶渣可以进行普通青贮，也可以添加其他益生菌或酶改进青贮效果，或与其他饲料进行混合青贮。茶叶深加工产业在日本起步较早，茶饮料公司较多，茶渣在利用前一般进行了青贮。单独青贮时，将新鲜茶渣直接装入乙烯袋中，真空泵抽去真空后用绑紧密封，室温下储存，青贮一个多月后使用。发酵后的pH值为3.97，乳酸含量2.0%，乙酸含量7.0%，丙酸含量1.8%，丁酸0.4%，氨态氮含量0.04%，青贮效果较好。为改进青贮效果，研究人员优化了青贮条件，将含干物质22%的绿茶渣置于200L的青贮窖中，然后按照1×10^8个乳酸菌/kg鲜物质以及0.02g纤维素酶/kg鲜物质的比例将乳酸菌和纤维素酶依次加入，密封后置于20℃条件下青贮2个月即可使用，从发酵质量来看（表6-12），青贮效果优于普通青贮。

表6-12　发酵绿茶渣的青贮效果（DM）　　　　（单位:%）

发酵效果	pH值	DM	有机酸组成（FM鲜物质）				挥发性盐基氮
			乳酸	乙酸	丙酸	丁酸	
值	3.6	22.1	1.4	0.9	0	0	0.05

数据来源：Erden，2004

混合青贮。由于茶渣中含有单宁，它能与蛋白质结合，降低发酵时蛋白质的降解，降低氨态氮含量，同时抑制其他细菌的繁殖，增加乳酸菌数量，降低pH值，提高发酵质量，营养损失较小。而且，利用混合青贮后的饲料饲喂牛羊，过瘤胃蛋白提高，消化率上升。由于茶渣是优质的蛋白质饲料，一般与禾本科牧草进行混合青贮，如苏丹草、燕麦草等。如与苏丹草混贮：苏丹草收割后，切成2~3cm长度，与绿茶渣（来自饮料公司）按照50~200g/kg的鲜物质添加量进行混匀，压实贮存于安置有气阱的青贮窖中，然后置于25℃条件下发酵1个月。其发酵质量见表6-13，由结果可见，苏丹草与茶渣混合青贮后饲料质量明显优于单独青贮。

表6-13　茶渣与苏丹草混合青贮效果

项目	苏丹草单独青贮	苏丹草+5%茶渣	苏丹草+10%茶渣	苏丹草+20%茶渣
DM	207	240	237	235
pH值	5.32	4.14	4.09	4.03
乳酸（g·kg^{-1}DM）	1.1	9.8	8.9	11.1
乙酸（g·kg^{-1}DM）	8.8	9.8	8.9	11.1
丁酸（g·kg^{-1}DM）	22.4	3.9	2.3	1.0
氨态氮（g·kg^{-1}DM）	0.31	0.21	0.20	0.20
氨态氮（g·kg^{-1}总氮）	102.8	36.8	31.2	25.9

4. 固态发酵

固态发酵是一种能耗低、污染少、产出多、效益好的发酵技术，它可以在几乎无自由水的条件下，利用微生物对基质进行良性转换，得到目标产物。茶渣的固态发酵是以茶渣为主要基质，通过接种活化并增殖至要求数量的菌种，然后在固定温度下发酵一段时间，即可获得发酵茶渣。发酵后茶渣的蛋白含量提高，纤维素含量降低，更利于动物吸收和消化。刘姝（2001）在添加其他辅料的基础上，以茶渣为主（70%），采用木霉、假丝酵母A-12-3、黑曲霉、米曲霉以及有益微生物进行固态发酵，发酵后基质中粗蛋白含量达到26%~29%，比对照组提高了20%~37%，基质可溶物含量也有大幅提升，达到25%以上，回归分析，发酵后粗蛋白含量与可溶性物质含量呈线性关系。叶乃兴等（2015）公开发明了一种固体发酵茶渣的方法，其技术过程如下。菌种准备：黑曲霉、枯草芽孢杆菌、假丝酵母菌的斜面菌种分别接种到PDA液体培养基中，30℃条件下培养72h，分别制得3种菌的培养液，然后按体积比为1：（0.5~1）：（0.5~1）的比例混匀，制得菌液。PDA培养液配方为：马铃薯200g、葡萄糖20g、自来水1 000mL。培养基：茶渣添加水分至含水率为40%~70%，高温灭菌后冷却至室温，制成茶渣培养基。发酵：按2%~5%的剂量将准备好的混合菌液加入到茶渣培养基中，置于26~36℃条件下，发酵10天左右，获得粗蛋白含量33%以上的发酵茶渣。成品：将获得的茶渣在60~80℃条件下烘干至含水率不超过8%，即可直接使用。

（三）茶粕

茶粕蛋白含量低，粗纤维含量高，特别是含有大量的抗营养因子——茶皂素、单宁等，限制了其在饲料上的应用。茶粕中营养成分特别是蛋白质成分受茶籽提油工艺的影响较大。茶籽提油工艺主要包括压榨法、浸提法和水酶法。压榨法是传统的制油方法，目前仍是我国茶籽产区主要的制油方法。为了提高出油率和增加茶油的香味，传统压榨工艺对茶籽进行了高温处理，一方面使茶粕中的蛋白质部分发生变性，另一方面加速了单宁、生物碱及矿物离子与蛋白质形成不溶性复合物，不仅降低了茶粕蛋白质含量，而且降低了蛋白质的消化率。浸提法是利用有机溶剂提取茶油，也有热处理过程，也降低了茶粕蛋白质生物利用率，一般用于压榨法提油后的二次提油。水酶法提油技术是在机械破碎的基础上，采用对油料组织以及对脂多糖、脂蛋白等复合体有降解作用的酶（如纤维素酶、半纤维素酶、蛋白酶、果胶酶等）处理油料，通过酶对细胞结构的破坏，以及对脂蛋白、脂多糖的分解作用，增加了油料组织中油的流动性，从而使油游离出来，因为水酶法无加热过程，对茶粕蛋白质影响较小。茶籽中茶籽壳的粗纤维含量高达68%以上，单宁含量高达11%以上，而粗蛋白含量为0.5%~1%，粗脂肪含量为0.5%左右。传统茶籽制油工艺中，仁壳分离效果差，脱壳时多造成茶仁的损失，同时为了使预榨机榨膛形成压力，往往不脱壳或只部分脱壳，使得茶粕蛋白质含量低、粗纤维和单宁含量高，影响了其在饲料上的应用。一般茶粕在提油后在提取皂素或采用普通脱毒方法后可以应用到畜禽饲料中。因此，茶粕在进行饲料化利用前，最重要的是去皂脱毒。

其加工工艺如下。

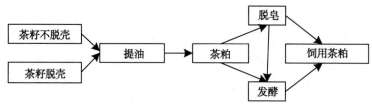

茶粕加工工艺

1. 脱毒

（1）工业提取皂素　茶粕中皂素含量较高，是工业提取茶皂素的一个重要来源，茶皂素的提取过程同时也就是茶粕的脱毒过程，脱去了大部分的单宁、生物碱和黄酮等。茶皂素是一种无色的柱状结晶，易溶于水及含水电甲醇、乙醇以及正丁醇等之中，因此常根据这一特性进行皂素的提取。传统的茶皂素提取方法有 3 类，即水浸法、有机溶剂提取法和吸附法。水浸法是以热水为提取介质，为传统提取皂素的技术，通常脱皂率较低；有机溶剂提取法先用双溶剂分步提取：先用油溶性溶剂除去茶粕中残余的油脂，脱脂后再用 70% ~ 95% 的有机溶剂提取皂素，提取液经过过滤后减压浓缩，得粗皂，剩余残渣即为脱皂茶粕。有机溶剂浸提法适用于工业化生产，茶粕中的蛋白质、可溶性碳水化合物损失较少，蛋白质含量 17% 以上，茶皂素的含量可控制在 1% 以下，单宁含量可控制在 2% 以下，提取茶皂素的茶粕营养价值较高。此外，还有许多新的提取方法，如新式水提法、水提—醇溶法，大孔树脂吸附法等。

（2）碱法脱毒　指加入纯碱（Na_2CO_3）的水解法。常用的方法有 2 种：一种按茶粕重的 6 倍量计入 0.5% Na_2CO_3 溶液，煮沸 3h，除去减液，再用 15~20 倍的清水重复浸泡，滤去清水后烘干；另一种是按茶粕重的 3 倍剂量加入 0.5% Na_2CO_3 溶液，静置浸提 4h，滤去碱液，再用 3 倍剂量清水重复浸提 2h，滤干的渣烘干即为脱毒茶粕。此法简便易行，但脱毒效果不佳（只脱去茶皂素的 75% 左右），且碱液在分解皂素的同时也破坏了蛋白质等营养物质（破坏率达 70%），因此降低了营养价值。

（3）生物脱皂　生物脱皂是采用微生物发酵技术降解茶粕中的茶皂素，此法不仅脱毒效果好，同时还能提供优质的菌体蛋白，间接提高饲料中的蛋白质含量。发酵产生的菌体蛋白、生物活性小肽类氨基酸、微生物活性益生菌、酶制剂等，不但可以弥补茶粕中容易缺乏的氨基酸等物质，而且可以使其他粗饲料营养成分迅速转换，达到增强消化吸收利用的效果。由于茶皂素具有抑菌效果，因此其重点是在微生物筛选并获得较好的发酵效果。目前，已经发现淀粉芽孢杆菌、黑曲霉等是较好的茶皂素降解菌。研究人员对黑曲霉固态发酵降解油茶粕中的茶皂素进行了研究，运用单因素实验及 Box-Behnken 实验设计，结合高效液相色谱法（HPLC）检测技术，优化其固态发酵工艺，确定其最佳降解条件为：利用 8 层纱布控制传质传氧，初始含水量 70%，pH 值 4.35，接种 $2.18×10^7$ 个单孢子/mL 的悬液 5mL，发酵温度 34.5℃，发酵时间 84h，发酵结束后茶粕中茶皂素降为 2.04%，降解率达到 89.99%。

2. 发酵

茶粕脱毒后可直接应用于畜禽饲料中，但是由于其蛋白大多难溶于水，且粗纤维含量高，特别是木质素含量高。因此，为进一步提高茶粕的蛋白质含量，提高蛋白质的利用率，降低粗纤维含量，国内学者自 20 世纪 90 年代初就开始研究茶粕固态发酵工艺。对未脱壳榨油工艺生产的茶粕脱脂、脱皂后接种微生物发酵，接种不同微生物菌种，茶粕的发酵效果是不同的。如以茶粕为主要原料，接种黑曲霉、米曲霉、毛霉、白地霉和产朊假丝酵母等微生物，通过发酵，在较短时间内产生大量的菌体蛋白，使茶粕中蛋白质含量得到提高，可从发酵前的 8.75% 提高到 16.78%，蛋白质最大提高率为 66.7%~99.7%。而且发酵后茶粕氨基酸种类齐全，并含多种维生素，生物酶和未知的生长因子等。在此生物转化中，菌体也分解利用部分纤维素，使茶粕纤维素含量由发酵前的 25% 下降到 17.9%，菌种对纤维素的最大分解率为 31.5%。虽然其中纤维素含量还相对高，但经过生物发酵的粗纤维，其木质素和纤维素之间的紧密结合已被破坏，使其中部分纤维素和木质素成为易消化的饲料营养成分。

我国茶粕资源丰富，但由于其含有较高浓度的抗营养因子，限制了在动物生产中的利用。通过脱壳、脱皂和微生物发酵处理，油茶饼粕可成为蛋白质含量高、氨基酸均衡及抗氧化活性物质丰富的优质蛋白质饲料原料。因此，如果能进一步改进和优化加工工艺，使脱毒油茶饼粕工厂化生产，提高产品的稳定性，那么油茶籽粕在动物养殖中具有广阔的应用前景。

☞ **四、动物饲养技术与效果** ☜

1. 茶副产物在反刍动物上的饲喂效果

反刍动物食入氮的利用率不高，20%~50% 可能排放到环境中，即使高产奶牛，也只有不到 20% 的进食蛋白质转化为畜产品。因此，通过饲粮调控提高进食氮的利用率、减少氮向环境的排放，已成为当前反刍动物营养学界倍加关注的问题。国内外在用物理或化学方法（甲醛、单宁等）保护蛋白质方面进行了广泛的研究，部分成果已被用于生产实践。众多试验已确认，单宁虽是抗营养因子，但反刍动物饲草料中所含单宁可降低蛋白质在瘤胃内的降解率，提高氮利用率，并能减少瘤胃中的泡沫，防止臌胀病的发生。茶渣中的单宁对过瘤胃蛋白具有双重保护作用，既减少其在瘤胃发酵，又使其过瘤胃蛋白在酸—胃蛋白酶溶液中溶解度低。由于低蛋白日粮的消化物中含有过瘤胃蛋白，可增加采食量、促进生长，所以反刍家畜饲喂茶渣后因其蛋白质过瘤胃能力强，可提高增重和产奶量，特别是在饲喂低蛋白日粮为主时更是如此。

赖建辉等（1994）在奶牛饲料中添加乌龙茶粉，10天预饲期添加4‰，40天试验期添加5‰，结果产奶量比对照组日均增加1kg，增幅提高1倍。陈祥麟（1994）发现利用茉莉花茶渣饲喂奶牛时适口性好，与常规饲料相比，日可提高产奶量1.26kg。Kondo等（2004）利用青贮绿茶渣替代大豆秸秆—紫花苜蓿（替代干物质的25%）饲喂奶牛，结果发现，产奶量、乳成分、产奶率、瘤胃pH值、挥发性脂肪酸和血液尿素氮在各组中没有差异，但瘤胃的氨态氮和血液中总胆固醇在饲喂绿茶渣的组中偏低，但差异不显著，粪和尿中的氮含量在各组中没有差异。Nishida等（2006）发现，给荷斯坦阉公牛饲喂占日粮干物质20%的青贮绿茶渣，对瘤胃发酵没有负面影响，并能增加血浆抗氧化活性和维生素E浓度。Theeraphaksirinont（2009）在杂交奶牛中添加5%和10%的绿茶渣，结果发现，奶牛的采食量和产奶量不受影响，其中10%添加量较5%添加量饲料利用率降低，添加10%的奶蛋白质含量较对照组显著增加。潘发明等（2012）在绵羊上的研究发现，全混合日粮中添加5%～15%的混合茶渣，对干物质、有机物、ADF、NDF、Ca、P的消化利用未产生显著影响，对瘤胃pH值、总氮、氨态氮、血浆尿素氮有一定影响，其中添加10%时茶渣中的单宁含量对饲粮蛋白质有较好的保护效果；随着茶叶添加量的增加，绵羊的采食量逐渐下降，特别是添加到15%时，采食量下降严重，推荐绵羊饲粮中的茶渣添加量以不超过10%（换算成茶渣中的单宁含量则为不超过2.04g/kgDM）为宜。Kondo等（2004）研究发现，燕麦青贮饲料中添加5%或20%的绿茶渣后，粗蛋白显著提高，pH值显著降低，并可促进山羊对饲料中蛋白质的消化吸收。Kondo等（2007）通过体外和体内试验表明，发酵绿茶渣可以替代苜蓿草粉作为蛋白质补充剂。

发酵茶粕是一种较好的蛋白质饲料，与豆粕相比，蛋白水平略低，但能量和其他营养成分含量均高于豆粕，同时经过发酵后的茶粕中含有大量生物有益菌和酶类物质，能够显著改善奶牛的瘤胃内环境，提高奶牛对营养物质的消化吸收，提高生产性能。程正年（1996）认为，单独饲喂脱毒过的茶籽饼，奶牛饲喂量不能超过混合配合饲料的 10%，在奶牛混合配合饲料中，如果有棉籽饼、胡麻饼等含有皂素苷的饼粕，在与脱毒茶籽饼配合饲喂，总量不能超过混合配合词料量的 15%，并且茶粕的含量不能超过 5%。卫洋洋等（2014）利用发酵茶粕替代 15%、30% 和 45% 的豆粕，经过 7 天预饲和 30 天正试期，结果发现，各发酵茶粕添加组的产奶量、乳蛋白率和乳脂率均显著或极显著高于对照组，且发酵茶粕价格相对于豆粕有很大的优势，能够有效降低饲养成本。

2. 茶副产物在兔上的饲喂效果

目前有关茶副产物在家兔上的应用研究较少。据报道，在肉兔精料中添加 1.5% 茶末，可使其增重率提高 12.7%，饲料利用率提高 8.5%，成活率提高 26.5%。Khotijah（2004）在断奶杂交公兔日粮中添加占干物质 10%~30% 的茶渣，发现添加茶渣对干物质摄入量、平均日增重和饲料转化率没有显著影响，死亡率为 0，随着茶渣添加量增加，利润上升，结果表明，茶渣喂兔能够获得很好的生产性能，可以作为一种蛋白质饲料替代品，代替量可达 30%。

四川省畜牧科学研究院对来自茶叶加工厂的茶渣在肉兔上进行了饲养利用。试验选择 30 日龄断奶新西兰兔 240 只，分成 4 组，分别饲喂含 0%（对照组）、10%、15% 和 20% 茶叶渣的日粮，其营养水平基本一致。试验期 6 周。测定各组生产性能，饲养试验结束，每个处理选择 6 只兔（公母各半，与本处理均重相近）进行血样采集、屠宰，测定饲喂茶叶渣对肉兔血液生化指标、屠宰性能和肉质的影响。研究结果见表 6-14 至表 6-19。

表 6-14　茶叶渣不同添加水平对肉兔生产性能的影响

项　目	对照	10%	15%	20%
初始体重（g）	744.00±10.46	739.05±8.50	738.04±9.78	741.72±10.55
终末体重（g）	2 164.01±44.10[a]	2 139.52±57.04[a]	2 040.27±57.76[b]	1 966.13±50.59[c]
净增重（g）	1 420.00±38.15[a]	1 400.47±49.34[a]	1 302.23±55.32[b]	1 224.40±58.04[c]
平均日增重（g）	33.81±1.06[a]	33.34±1.41[a]	31.00±1.56[b]	29.15±1.38[c]
平均日采食量（g）	108.80±2.55[a]	108.48±4.21[a]	104.98±3.97[ab]	100.24±3.51[b]
料重比	3.22±0.08[a]	3.25±0.09[a]	3.39±0.08[b]	3.44±0.13[b]
试验兔数（只）	60	60	60	60
死亡数（只）	3	2	2	1

注：同行数据肩标小写字母不同表示差异显著（$P<0.05$）。以下各表同

结果表明：在肉兔饲粮中添加茶叶渣对肉兔采食量有显著影响，随着茶叶渣添加量的增加，采食量逐渐下降，20% 组采食量显著低于对照组；从生产性

能来看，茶叶渣添加量对试验末重、总增重和日增重有显著影响，随着茶叶渣添加量的增加生产性能有下降趋势。综合来看，10%茶叶渣组生产性能与对照组差异不显著，可见茶叶渣在肉兔饲粮的添加量不宜超过10%。

表6-15　茶叶渣不同添加水平对肉兔血清生化指标的影响

项　目	对照	10%	15%	20%
总蛋白（g/L）	62.35±2.35	65.54±3.76	64.78±3.56	66.21±3.06
白蛋白（g/L）	35.24±2.07	36.87±2.32	34.98±2.78	37.04±3.02
尿素氮（mmol/L）	6.25±0.87[a]	6.76±0.89[a]	7.12±0.76[ab]	7.87±0.69[b]
血糖（mmol/L）	5.45±0.27	5.67±0.34	5.54±0.38	5.40±0.28
碱性磷酸酶（U/L）	203.21±15.32	196.12±20.13	190.58±21.28	185.56±24.34
谷丙转氨酶（U/L）	71.34±5.78	68.98±4.76	74.54±5.43	67.98±3.76
总胆固醇（mmol/L）	2.24±0.23[a]	2.01±0.31[ab]	1.86±0.25[b]	1.59±0.31[b]
甘油三酯（mmol/L）	0.87±0.12[a]	0.78±0.14[a]	0.70±0.10[ab]	0.64±0.16[b]
高密度脂蛋白（mmol/L）	0.67±0.10	0.70±0.13	0.74±0.12	0.73±0.09
低密度脂蛋白（mmol/L）	0.71±0.14	0.67±0.17	0.74±0.10	0.67±0.14

结果表明：在肉兔饲粮中茶叶渣不同添加水平对肉兔血清总蛋白、白蛋白、血糖、碱性磷酸酶、谷丙转氨酶、高密度脂蛋白和低密度脂蛋白无显著影响，对血清尿素氮、胆固醇和甘油三酯有显著影响（表6-15）。随着茶叶渣添加量的增加，血清尿素氮含量呈增加趋势，血清胆固醇和甘油三酯呈下降趋势，对照组和20%茶叶渣组差异显著。

表6-16　不同水平茶叶渣对肉兔屠宰性能的影响

项　目	对照	10%	15%	20%
宰前活重（g）	2 150.40±27.42[a]	2 138.40±28.45[a]	2 057.60±30.24[b]	1 972.40±25.21[c]
全净膛重（g）	1 124.98±15.76[a]	1 117.99±18.94[a]	1 074.76±14.22[b]	1 026.38±16.40[c]
全净膛率（%）	52.32±0.58	52.28±0.65	52.23±0.78	52.04±0.79
半净膛重（g）	1 213.52±15.41[a]	1 208.61±17.35[a]	1 159.06±21.01[b]	1 106.79±18.21[c]
半净膛率（%）	56.43±0.59	56.52±0.68	56.33±0.64	56.12±0.60

结果表明：在肉兔饲粮中添加茶叶渣对肉兔宰前活重、全净膛重和半净膛重有显著影响，对全净膛率和半净膛率无显著影响（表6-16）。

表 6-17　不同水平茶叶渣对兔肉化学成分的影响

项　目	对照	10%	15%	20%
背肌水分（%）	75.01±0.22	75.12±0.24	75.23±0.17	75.29±0.23
背肌粗蛋白（%）	21.98±0.29	22.06±0.31	22.12±0.25	22.21±0.32
背肌粗脂肪（%）	2.06±0.10[a]	1.91±0.13[a]	1.76±0.11[ab]	1.54±0.14[b]
腿肌水分（%）	76.21±0.32	76.25±0.29	76.32±0.28	76.38±0.33
腿肌粗蛋白（%）	20.88±0.27	20.95±0.21	21.06±0.29	21.18±0.31
腿肌粗脂肪（%）	1.97±0.11[a]	1.71±0.09[ab]	1.58±0.12[ab]	1.45±0.13[b]

结果表明：在肉兔饲粮中添加茶叶渣对肉兔背肌和腿肌的水分和蛋白质含量无显著影响，对腿肌和背肌的粗脂肪含量有显著影响，随着茶叶渣添加量的增加，腿肌和背肌粗脂肪含量显著下降（表6-17）。

表 6-18　不同水平茶叶渣对兔肉背肌品质性状的影响

项　目		对照	10%	15%	20%
肉色 45min	a*	2.69±0.41	2.75±0.39	2.62±0.42	2.73±0.35
	b*	3.97±0.44	4.14±0.65	4.24±0.57	4.30±0.78
	L*	50.57±1.45	52.17±1.58	53.28±1.35	52.47±1.09
肉色 24h	a*	1.89±0.39	1.91±0.46	1.98±0.64	2.08±0.52
	b*	4.62±0.98	4.69±0.74	4.75±0.64	4.79±0.67
	L*	52.57±1.09	53.67±1.22	53.58±1.23	52.87±1.17
pH45min		6.78±0.11	6.79±0.09	6.76±0.11	6.80±0.09
pH 24h		5.90±0.07[a]	5.80±0.10[ab]	5.72±0.09[ab]	5.64±0.07[b]
滴水损失（%）		2.25±0.20[a]	2.35±0.17[a]	2.47±0.24[ab]	2.69±0.16[b]

表 6-19　不同水平茶叶渣对兔肉腿肌品质性状的影响

项　目		对照	10%	15%	20%
肉色 45min	a*	2.87±0.65	2.91±0.85	3.02±0.49	3.01±0.75
	b*	4.12±0.55	4.29±0.39	4.33±0.55	4.40±0.59
	L*	53.40±1.31	52.24±1.05	53.65±0.74	54.16±1.14
肉色 24h	a*	2.88±0.65	2.91±0.79	3.04±0.78	3.14±0.97
	b*	4.04±0.56	4.25±0.46	4.32±0.52	4.39±0.36
	L*	55.65±1.45	56.20±1.62	56.14±1.27	56.07±1.51

（续表）

项　　目	对照	10%	15%	20%
pH45min	6.88±0.11	6.89±0.12	6.86±0.09	6.90±0.11
pH 24h	6.01±0.07^a	5.93±0.10^{ab}	5.77±0.12^{ab}	5.64±0.09^b
滴水损失（%）	2.65±0.18^a	2.76±0.19^{ab}	2.90±0.22^{ab}	3.03±0.24^b

结果表明：在肉兔饲粮中添加茶叶渣对背肌和腿肌的肉色和45min的pH值无显著影响，对背肌和腿肌24h的pH值和滴水损失有显著影响，在肉兔饲粮中添加茶叶渣可以降低背肌和腿肌24h的pH值，进而降低肌肉持水力，增加滴水损失（表6-18、表6-19）。

综上，在肉兔饲粮中添加10%的茶叶渣不影响肉兔生产性能和肉质，建议肉兔饲粮茶叶渣的添加量不宜超过10%。

第三节　辣木的饲料化利用

☞　一、概况　☜

1. 辣木生态学特性

辣木（*Moringa sp.*），常见英文名为 Moringa、Drumstick 或 Horseradish tree，亦有人译为"油辣木""辣根树"或"鼓槌树"，为辣木科（Moringaceae）辣木属（*Moringa Adans.*）多年生植物。辣木是单科单属植物，现有14个已知种。其中 *M. stenoptetala*（原产于埃塞俄比亚和肯尼亚北部）、*M. peregrina*（原产于苏丹、埃及和阿拉伯半岛）、*M. ovalifolia*（原产于安哥拉和纳米比亚）和 *Moringa oleifera*（原产于印度北部喜马拉雅区域）等4个种已有栽培，而生长快、分布广且利用和研究最多的是 *Moringa oleifera*。

辣木为多年生常绿或落叶树种，树高一般达5~12m，多数8~10m，树冠伞形，树干通直，软木材质，较脆，树皮灰白色；主根粗壮，树根膨大似块茎，可贮存大量的水分；枝干细软，树枝多数下垂，树皮软木质。花具芳香味，白色或乳白色，直径约2.5cm，放射状排列，雄蕊黄色，腋生圆锥花序下垂，长10~25cm。叶浅绿色，三回羽状复叶，长30~60cm，小叶长1.3~2.0cm，宽0.6~1.3cm，两侧小叶椭圆形，顶端小叶倒卵形，略大于侧叶。果实为三棱状，下垂，早期浅绿色，细软，后变成深绿色，成熟后呈褐色，充分成熟的荚果横切面近圆形或三棱形，长30~120cm。

辣木对土壤条件和降雨量有较强的适应性，但忌积水。能适应沙土和黏土等各种土壤，也能生长于微碱性土壤中。辣木喜温耐寒，抗逆性强，能耐长期干旱，也能耐高温和轻微霜冻。

2. 辣木的种植、分布和产量

辣木起源于印度西北部的喜马拉雅山南麓，目前，已有 30 多个国家对辣木进行引种栽培，主要分布在非洲、阿拉伯半岛、东南亚、太平洋地区、加勒比诸岛和南美洲。印度是辣木的主要起源地和种植地，栽培面积 3.8 万 hm^2，每年生产 110 万~130 万 t 果荚，是世界上最大的辣木生产国和出口国。印度辣木主要栽培于南部各邦，如泰米尔纳都、卡那塔卡、开瑞拉和安德哈普德西。古巴近年来开展辣木大面积种植。古巴种植的辣木种均为多油辣木，同时还从 30 多个国家收集辣木种质进行保存。目前辣木种植面积约 1 200hm^2，长势良好，主要食用叶片，茎叶也作为饲料的主要原材料。

中国林业科学研究院资源昆虫研究所于 2002 年从缅甸引进印度传统辣木种子，在云南半干旱、干旱河谷地区进行区域性试种，到目前为止在我国云南、广东、广西、四川、海南和福建等地均有辣木种植基地。目前栽培面积已超过 3 万亩，较大的有云南省 2.5 万亩，海南省约有 3 000 亩，福建省约有 2 500 亩，其他省市也都有数百亩或上千亩的规模。台湾是我国最早引种辣木的地区，所种植的辣木均用于商业性开发，主要产品有辣木蔬菜、辣木叶粉、辣木茶和辣木籽等。近几年来，国家对辣木的引种及研究开发表现出了高度的重视，2006 年 10 月，我国"十一五"规划确定将辣木作为"商品林定向培育及高效利用关键技术研究"重点研究对象之一。2012 年 11 月，我国卫生部批准辣木叶作为新资源食品，随后中国热带农业科学院成立辣木研究中心，加快新品种培育、栽培及病虫害防治新技术的研究推广。2014 年 7 月，习近平访问古巴时将辣木种子作为国礼赠送给古巴革命领导人菲德尔·卡斯特罗，宣布成立古巴—中国辣木科技合作中心。

目前我国主要引种了 3 个辣木品种：非洲辣木（*Moringa stenopetala*）、印度传统辣木（*Moringaoleifera*）和印度改良辣木（包括 PKM1 和 PKM2，为印度泰米尔农业大学改良种），现研究利用最多的是印度传统辣木（*Moringa oleifera*）。

☞ 二、营养价值 ☜

1. 辣木的常规营养组分

辣木富含植物蛋白质、膳食纤维、维生素和矿物质等多种营养元素。国内外相关研究表明，辣木所含钙和蛋白质含量分别为牛奶的 4 倍和 2 倍、钾是香蕉的 3 倍、铁是菠菜的 3 倍、维生素 C 是柳橙的 7 倍、维生素 A 是胡萝卜的 4 倍，其营养价值与现代营养学家称为"人类营养的微型宝库"的螺旋藻相当。经常食用辣木可以防止和改善营养不良，保证人体必需的微量元素和氨基酸。据报道每天食用 25g 辣木叶片干粉，可获取推荐标准中蛋白质的 42%、钙的 125%、镁的 61%、钾的 41%、铁的 71%、维生素 A 的 272% 和维生素 C 的 22%。2012 年 11 月 12 日，辣木叶被国家卫生部批准为"新资源食品"。

辣木叶、茎、籽和籽壳等不同部位的蛋白质、总糖、粗脂肪、粗纤维、总淀粉、总黄酮和维生素 C 等营养成分均存在较大差异（表 6-20、表 6-21）；其中，辣木籽的 CP 含量最高为 37.8%，辣木叶次之为 27.6%，辣木茎最低为 5.26%；辣木中 EE 含量的趋势和 CP 一致，由大到小依次为辣木籽、辣木叶、辣木籽壳和辣木茎；总糖含量，以辣木叶中最高，其次依次为辣木茎、辣木籽、辣木籽壳；辣木茎和辣木籽壳中粗纤维的含量远远大于辣木叶和辣木籽，其中辣木籽壳和辣木茎分别为 52.36% 和 42.65%，辣木叶和辣木籽分别为 7.12% 和 1.09%；辣木叶中维生素 C 含量远远大于辣木茎、辣木籽和辣木籽壳，分别为 116.5、12.50、13.40、14.20mg/100g（杨东顺等，2015）。辣木不同部位的大量元素和微量元素亦存在较大差异，就辣木各部位平均数值来看，辣木中常量元素平均含量由高到低依次为 K、Ca、P、Mg、Na，且 K 和 Ca 的含量远远高于其他大量元素；其中，K 含量最高，辣木叶为 2 225mg/kg，辣木籽为 1 026mg/kg；Ca 含量次之，辣木叶为 2 039mg/kg，辣木籽为 106mg/kg；P 含量比 Ca 含量低，辣木籽为 1 262mg/kg，辣木籽壳为 165mg/kg；Mg 含量辣木籽为 495mg/kg，辣木籽壳为 147mg/kg；Na 含量最低，辣木茎为 412mg/kg，辣木叶为 141mg/kg。辣木不同部位样品均含有 Fe、Mn、Zn、Cr 和 Se 等微量元素。其中，Fe 平均含量最高，各部位中辣木籽壳含 Fe 最高（为 706mg/kg），辣木籽最低（为 30.8mg/kg）；Zn 平均含量次之，辣木籽最高（为 69.5mg/kg），辣木茎最低（为 13.6mg/kg）；Mn 平均含量比 Zn 低，辣木叶最高（为 78.3mg/kg），辣木籽壳最低（为 10.6mg/kg）；Cr 平均含量比 Mn 低，辣木籽壳最高（为 52.7mg/kg），辣木叶最低（为 2.68mg/kg）；Se 的平均含量最低，辣木籽最高（为 0.395mg/kg），辣木叶最低（为 0.135mg/kg）。辣木中微量元素平均含量由高到低依次为 Fe、Zn、Mn、Cr、Se，且 Fe 和 Zn 的含量远远高于其他元素（杨东顺等，2015）。

表 6-20 辣木不同部位主要营养成分含量

营养组分（%）	辣木叶	辣木茎	辣木籽	辣木籽壳
蛋白质	27.60	5.26	37.8	8.21
总糖	15.12	9.68	9.75	0.43
灰分	10.36	5.26	4.65	4.10
粗脂肪	8.65	2.65	40.12	3.21
粗纤维	7.12	42.65	1.09	52.36
水分	6.52	8.98	6.45	12.36
总淀粉	5.65	4.32	0.09	5.22
总黄酮	1.09	0.45	0.13	0.18
维生素 C（mg/100g）	116.5	12.50	13.40	14.20

注：引自杨东顺等（2015）

表 6-21 辣木不同部位常量和微量元素的含量

元素（mg/kg）	辣木叶	辣木茎	辣木籽	辣木籽壳
K	2 225	1 087	1 026	1 954
Ca	2 039	789	106	365
P	885	406	1 262	165
Mg	289	158	495	147
Na	141	412	143	152
Fe	365	106	30.8	706
Mn	78.3	26.9	29.6	10.6
Zn	29.6	13.6	69.5	42.6
Cr	2.68	12.6	8.25	52.7
Se	0.135	0.259	0.395	0.265

注：引自杨东顺等（2015）

关于辣木叶营养成分含量的研究较多，笔者总结了辣木叶主要营养成分含量。如表 6-22 所示，辣木叶粗蛋白质含量在 23%～30%，粗脂肪含量在 5.4%～8.7%，粗灰分在 7.6%～12.0%，NDF 和 ADF 分别在 11.4%～28.8%、8.49%～13.9%，总能大约 18.7MJ/kg，由此可见，辣木叶粗蛋白含量较高，和苜蓿相当，且 NDF 和 ADF 含量适宜，可以作为优质饲料供畜禽使用。除此之外，辣木叶还含有丰富的维生素，特别是维生素 A、维生素 C、维生素 E 含量较高，分别为 163~419mg/100g、74~173mg/100g、113~156mg/100g。

表6-22　辣木叶主要营养成分含量

营养组分（%）	辣木叶
粗蛋白质	23.0~30.3
粗脂肪	5.4~8.7
粗纤维	5.9
粗灰分	7.6~12.0
无氮浸出物	46.09
NDF	11.4~28.8
ADF	8.49~13.9
总能（MJ/kg）	18.7
维生素（mg/100g）	
维生素 A	163~419
维生素 B_1	0.14~2.00
维生素 B_2	0.99~20.50
维生素 B_3	8.20~10.74
维生素 C	74~173
维生素 E	113~156

引自 Busani 等（2011）；Gupta 等（1989）；Melesse 等（2012）

2. 辣木脂肪酸含量

中国农业科学院饲料研究所反刍动物生理与营养实验室测定了辣木叶的脂肪酸含量，同时对比了文献报道中的结果，如表6-23所示。两种产自不同地域辣木叶的脂肪酸组成差异较大，虽然两种辣木叶中含量最高的脂肪酸均是亚麻酸，但是来自广东的辣木叶中含量为29.47%，而南非辣木叶中含量为44.57%；广东辣木叶的棕榈酸含量也比较高，为27.57%，而南非辣木叶中只有11.79%；另外差异较大的还有棕榈油酸、珍珠酸以及二十一烷酸；其余脂肪酸含量差异较小。由此可见，相同品种不同产地的辣木，其辣木叶的脂肪酸组成差异较大。

表 6-23　辣木叶脂肪酸含量

营养组分（%）	辣木叶（中国广东）[1]	辣木叶（南非）[2]
C6：0	0.14	—
C10：0	0.09	0.07
C12：0	0.23	0.58
C14：0	2.35	3.66
C15：0	0.32	—
C16：0	27.57	11.79
C16：1c9	2.26	0.17
C17：0	0.63	3.19
C18：0	5.87	2.13
C18：1c9	7.54	3.96
C18：1c7	—	0.36
C18：2c9n-6	9.75	7.44
C18：3c9n-3	29.47	44.57
C18：3c6n-6	—	0.20
C20：0	1.62	1.61
C20：1	2.62	—
C21：0	0.23	14.41
C22：0	2.93	1.24
C23：0	0.77	0.66
C24：0	5.42	2.91

1 数据来源于中国农业科学院饲料研究所反刍动物生理与营养实验室；

2 数据来源于 Busani Moyo 等（2011）

3. 辣木氨基酸含量

杨东顺等（2015）研究了辣木不同部位氨基酸的含量，由表 6-24 可知，辣木不同部位均含有 17 种氨基酸，其中，苏氨酸、赖氨酸、蛋氨酸、缬氨酸、异亮氨酸、亮氨酸和苯丙氨酸等 9 种氨基酸为人体所必需。辣木叶氨基酸含量范围为 0.25%~2.86%，含量最高的为谷氨酸，含量最低的为蛋氨酸；辣木茎氨基酸含量范围为 0.12%~1.13%，含量最高的为丙氨酸，含量最低的为蛋氨酸；辣木籽氨基酸含量范围为 0.35%~7.23%，含量最高的为谷氨酸，含量最低的为蛋氨酸；辣木籽壳氨基酸含量范围为 0.06%~1.58%，含量最高的为谷氨酸，含量最低的为蛋氨酸。由此可见，辣木不同部位的氨基酸含量由低到高依次为：辣木籽、辣木叶、辣木籽壳和辣木茎；辣木不同部位具有相似的氨基酸结构，含量最多的均为谷氨酸和丙氨酸，含量最低的均为蛋氨酸。

表6-24　辣木不同部位氨基酸含量

氨基酸（%）	辣木叶	辣木茎	辣木籽	辣木籽壳
天门冬氨酸	2.16	0.32	1.96	0.39
苏氨酸	1.66	0.21	0.99	0.33
丝氨酸	1.06	0.23	1.26	0.36
谷氨酸	2.86	0.42	7.23	1.58
甘氨酸	1.09	0.23	1.76	0.28
丙氨酸	1.56	1.13	1.53	0.48
胱氨酸	0.26	0.13	0.39	0.15
缬氨酸	1.82	0.86	1.65	0.68
蛋氨酸	0.25	0.12	0.35	0.06
异亮氨酸	1.66	0.19	1.56	0.52
亮氨酸	2.18	0.52	2.92	0.53
酪氨酸	0.96	0.18	1.25	0.30
苯丙氨酸	1.48	0.26	1.96	0.36
赖氨酸	1.83	0.66	1.92	0.66
组氨酸	0.76	0.13	0.99	0.16
精氨酸	1.26	0.23	3.86	1.06
脯氨酸	0.66	0.21	0.95	0.23
氨基酸总量	23.39	5.97	32.53	8.02

引自杨东顺等（2015）

产自不同地区的辣木均具有相似的氨基酸组成（表6-25），含量较多的氨基酸均为谷氨酸、天门冬氨酸、丙氨酸、亮氨酸、苯丙氨酸、缬氨酸、赖氨酸以及精氨酸，然而，相比于产自南非的辣木，产自中国广东和云南的辣木叶具有更相似的氨基酸组成。南非辣木含量最高的氨基酸是酪氨酸和谷氨酸，广东和云南辣木含量最多的氨基酸均是谷氨酸和天门冬氨酸。并且，3种不同产地的辣木均为印度传统辣木（*Moringa oleifera*），由此可见，不同产地相同品种的辣木具有相似的氨基酸组成，但是也存在一部分差异，其中，地理位置更近的广东和云南具有更相似的氨基酸组成。

表 6-25　辣木叶氨基酸含量　　　　　　　　　　　　（单位:%）

营养组分	辣木叶（广东）[1]	辣木叶（云南）[3]	辣木叶（南非）[2]
精氨酸	1.15	1.07	1.78
丝氨酸	0.88	0.90	1.09
天门冬氨酸	2.01	3.05	1.43
谷氨酸	2.57	3.05	2.53
甘氨酸	1.11	0.82	1.53
苏氨酸	0.91	0.95	1.36
丙氨酸	1.36	1.06	3.03
酪氨酸	0.74	0.54	2.65
脯氨酸	1.13	0.82	1.20
蛋氨酸	0.33	0.45	0.30
缬氨酸	1.18	1.34	1.41
苯丙氨酸	1.19	2.00	1.64
异亮氨酸	0.93	1.04	1.17
亮氨酸	1.79	1.47	1.96
组氨酸	0.44	0.36	0.72
赖氨酸	0.97	1.23	1.64
半胱氨酸	0.25	0.34	0.01
色氨酸	0.29	—	0.49

1 数据来源于中国农业科学院饲料研究所反刍动物生理与营养实验室;

2 引自饶之坤等（2007）;

3 引自 Busani Moyo 等（2011）

表 6-26　云南不同产地辣木叶氨基酸组成分析　　　　　（单位:%）

氨基酸组成	产地					
	德宏	西双版纳	丽江	普洱	大理	楚雄
天冬氨酸	2.13	1.79	1.76	1.70	2.92	1.19
谷氨酸	3.16	2.77	2.41	3.37	2.56	1.91
亮氨酸	2.28	1.81	1.73	1.49	1.07	1.15
精氨酸	1.41	1.20	1.08	1.03	1.01	0.72
苯丙氨酸	1.36	1.14	1.14	1.06	0.89	0.70
赖氨酸	1.40	1.13	1.08	0.85	0.68	0.69

（续表）

氨基酸组成	产地					
	德宏	西双版纳	丽江	普洱	大理	楚雄
苏氨酸	1.11	0.95	0.90	0.75	—	0.63
丝氨酸	1.27	1.07	0.97	1.05	0.78	0.69
丙氨酸	1.53	1.33	1.18	1.08	0.75	0.80
缬氨酸	1.06	0.90	0.85	0.82	0.68	0.61
甘氨酸	1.26	1.05	1.09	0.81	0.65	0.71
异亮氨酸	1.01	0.83	0.79	0.69	0.57	0.55
酪氨酸	0.80	0.59	0.62	0.40	0.28	0.34
组氨酸	0.51	0.38	0.37	0.37	0.33	0.25
蛋氨酸	0.25	0.18	0.22	0.23	0.08	0.19
脯氨酸	—	—	0.17	—	—	—
半胱氨酸	—	—	—	—	—	—
氨基酸总量	20.54	17.12	16.36	15.70	13.25	11.13

注：引自初雅洁等（2016）

从表6-26可以看出，6个地区辣木样品中的氨基酸总量存在差异，含量在11.13%~20.54%，产自德宏的辣木氨基酸总量最大，而产自楚雄的氨基酸总量最小，在17种氨基酸中，不同产地辣木的氨基酸含量不等，但是其组成相似，谷氨酸、亮氨酸、丙氨酸、天冬氨酸、赖氨酸的含量较高，而蛋氨酸含量最低。在云南省不同地区种植的辣木中，氨基酸的含量差异较大，这可能与种植品种、栽培技术以及环境条件等有密切关系，因此，加强辣木优质品种筛选以及规范栽培技术管理对提高辣木氨基酸含量有较强的现实意义。

综上所述，辣木不同部位的氨基酸含量存在显著差异，由低到高依次为：辣木籽、辣木叶、辣木籽壳和辣木茎；辣木不同部位具有相似的氨基酸结构，含量最多的均为谷氨酸和丙氨酸，含量最低的均为蛋氨酸。不同产地辣木的氨基酸总量差异显著，但是氨基酸组成相似，谷氨酸、亮氨酸、丙氨酸、天冬氨酸、赖氨酸的含量较高，而蛋氨酸含量最低。

4. 辣木瘤胃降解率

目前，关于辣木瘤胃降解率还未见报道，中国农业科学院饲料研究所反刍动物生理与营养实验室分别对辣木叶、辣木枝和辣木茎的奶牛和肉牛瘤胃降解率进行了研究。由辣木奶牛降解率的试验可得，辣木叶72小时干物质降解率为89%，蛋白质降解率为97%，中性洗涤纤维降解率为82%，酸性洗涤纤维降解率为67%；辣木枝96小时干物质降解率为48%，蛋白质降解率为67%，中性洗涤纤维降解率为36%，酸性洗涤纤维降解率为31%；辣木茎72小时干物质降解率为17%，蛋白质降解率为44%，中性洗涤纤维降解率为16%，酸性洗涤纤维降解率为12%。由辣木肉牛降解率的试验可得，辣木叶72小时干物质降解率为69%，蛋白质降解率为93%，中性洗涤纤维降解率为44%，酸性洗涤纤维降解率为22%；辣木枝96小时干物质降解率为40%，蛋白质降解率为73%，中性洗涤纤维降解率为27%，酸性洗涤纤维降解率为25%；辣木茎72小时干物质降解率为14%，蛋白质降解率为45%，中性洗涤纤维降解率为12%，酸性洗涤纤维降解率为9%。由此可见，在辣木奶牛和肉牛降解率试验中，辣木各部分的降解率由大到小依次为辣木叶、辣木枝和辣木茎，并且在奶牛瘤胃中的降解率大于其肉牛瘤胃降解率。

☞ 三、辣木加工利用技术 ☜

辣木最初主要以鲜叶形式作为动物饲粮的蛋白质补充料，但是以鲜叶直接饲喂奶牛会影响牛奶风味。为了消除辣木鲜叶对牛奶风味的影响以及方便储存，人们把鲜辣木叶晒干或烘干，制成辣木叶粉饲喂动物。Mendieta-araicab等（2009）把辣木叶进行青贮，研究了辣木叶青贮的最佳条件以及营养成分的变化，把辣木叶进行青贮，不仅降低了其抗营养因子的含量，同时提高了消化率，是辣木加工利用的有效手段之一。为提高辣木的适口性以及降低抗营养因子的含量，Dongmeza等（2006）用80%乙醇萃取辣木叶粉后，发现此方法不仅可去除大部分抗营养因子还可大幅度提高粗蛋白质含量，但溶剂萃取法成本较高，且容易对辣木造成化学污染，难以向农户推广。在此基础上由Nazael（2008）所开发的水提法可降低成本，且与溶剂萃取法的效果相似。具体步骤如下：先将辣木叶与水以1:1的比例在水槽中浸泡一整夜，去除皂苷等抗营养因子，然后将浸泡后的叶片在金属网上将水控干后于阴凉处晾干，以免维生素物质因暴晒流失，晾干后用粉碎机将辣木叶制成辣木叶粉，装入塑料袋贮存于室温。经查阅文献，辣木作为饲料产品的加工报道较少，需做进一步研究以达到更好的利用效果。

☞ 四、辣木动物饲养技术与效果 ☜

1. 辣木在牛饲料中的应用

辣木叶粉作为低质草料的蛋白质补充料，不仅可以提高奶牛干物质采食量

（Dry matter intake，DMI）、养分消化率及牛奶产量，且不影响牛奶品质，还可降低饲喂成本。Sarwa 等（2004）和 Mendieta-Araica 等（2011）不仅证明了辣木叶粉作为低质草料的蛋白质补充料的可行性，还研究了它替代牛饲粮中的常用蛋白质源的效果。Sarwa 等（2004）报道辣木叶粉可有效部分替代奶牛饲粮中的棉籽粕，还可提高牛奶产量，但未达显著水平，两者最佳配比为 40（辣木叶粉）：60（棉籽粕）；Mendieta-Araica 等（2011）用辣木叶粉替代奶牛混合精料中的豆粕后发现所有消化吸收指标除蛋白质消化吸收率显著降低外，其余均无显著差异，牛奶品质也未受到影响。因此，辣木叶粉在等能量等蛋白质基础上可替代豆粕作为奶牛饲粮中的蛋白质源。Nadir 等（2006）在臂形草（*Brachiaria brizantha*）基础饲粮（12.4kg 臂形草+0.5kg 甘蔗渣）中分别加入 2g、3kg 辣木叶粉后，干物质采食量由 8.5kg/天相应增加到 10.2kg/天和 11.0kg/天，干物质、有机物、粗蛋白质、中性洗涤纤维、酸性洗涤纤维的表观消化率及牛奶产量均显著提高。同时，Reyes 等（2006）用辣木饲喂奶牛，研究了辣木对奶牛产奶量、奶品质和对饲料消化吸收率的影响，结果显示，辣木可以提高奶牛的干物质采食量和产奶量，对牛奶品质没有显著影响。辣木叶粉作为低质草料的蛋白质补充料在反刍动物上研究较多，相反，辣木枝茎是否可用于反刍动物粗饲料研究较少，本研究室分别研究了在奶牛和肉牛饲料中添加辣木枝茎的可行性，结果发现，在奶牛饲料中添加辣木枝茎可以提高奶牛的产奶量，对乳脂、乳蛋白以及乳糖均无显著影响，但是显著降低了乳中体细胞数，同时改善了牛奶中脂肪酸的组成，提高了不饱和脂肪酸的比例，降低了饱和脂肪酸的比例，辣木在奶牛饲料中最适添加比例为 6%；由辣木枝茎添加于肉牛饲料试验结果发现，辣木枝茎可以显著提高肉牛的日增重，降低料肉比，并且，辣木在肉牛饲料中最适添加比例同样是 6%。由此可见，辣木叶粉和辣木枝茎均可作为饲料用于反刍动物生产。

2. 辣木在羊饲料中的应用

据报道，辣木鲜叶和辣木叶粉都可作为羊饲粮的蛋白质补充料。Busani 等（2012）在等能量等蛋白质的日粮中，将辣木叶粉部分替代葵花籽粕饲喂山羊，结果发现，辣木叶粉明显改善了山羊的生长性能和胴体品质。Sarwatt 等（2002）在此基础上研究了不同比例辣木叶粉替代葵花籽粕的饲喂效果，结果发现，干物质、中性洗涤纤维的消化率随辣木叶粉替代比例的增加而升高，且干物质采食量和代谢能在替代比例为 75% 时最佳。Aregheore（2001）为了研究辣木鲜叶的最适添加量，将不同比例辣木鲜叶与芒鸭嘴草混合饲喂肥育山羊，结果显示，添加 20% 和 50% 的辣木鲜叶显著提高了山羊的平均日增重、干物质采食量以及粗蛋白质和中性洗涤纤维的消化率。Akinyemi 等（2010）将辣木叶粉添加到天竺草（*Panicummaximum* Jacq.）饲粮中饲喂绵羊，结果发现，辣木叶粉不仅能提高干物质采食量、平均日增重、养分消化率等，还可改善羊的血液生理生化指标并保持氮平衡，当添加量为 25% 时氮平衡、血液指标及粗纤维消化率表现最佳。而辣木叶粉在花生秧为粗饲料的饲粮中的最佳添加量与上述报道不同，相比于单一花生秧组和 50% 竹叶：50% 花生秧混合组，辣木叶粉添加量为 50% 时，氮素的吸收利用及养分消化率最好（Asaolu 等，2010）。辣木不仅可作为多种饲粮的蛋白质补充料还可直接作为饲料原料用作动物生产，Akinyemi 等（2010）研究了用 100% 辣木叶粉饲喂绵羊，结果显示，与对照组相比，辣木组干物质、有机物、粗蛋白质、中性洗涤纤维的消化率均显著升高。Luu 等（2005）也认为辣木叶粉可作为单一的山羊饲粮，与银合欢叶组相比，其干物质采食量、消化率均无显著差异。Asaolu 等（2011）用辣木叶粉、银合欢叶和鼠豆叶作对比试验进一步证实了辣木叶粉作为单一饲粮的可行性，试验发现，饲喂 100% 辣木叶粉组的山羊经粪便和尿液流失的氮素最少，饲料相对营养价值最高。

3. 辣木在兔饲料中的应用

目前，辣木叶粉在兔饲粮中应用的报道比较少。Frederick（2010）将辣木叶粉按照 5 个梯度（0、5%、10%、15%、20%）替代豆粕饲喂幼兔，结果发现，添加辣木叶显著提高了幼兔的日增重，对幼兔的生殖能力和血液指标无影响，由此说明，辣木叶粉在幼兔日粮中可以部分甚至全部替代豆粕。

参考文献

［1］ 陈芳，李大威，蔡海莹，等. 青贮笋壳对奶牛生产性能及部分血清生化指标的影响［J］. 中国饲料，2013，20：13-15.

［2］ 初雅洁，符史关，龚加顺. 云南不同产地辣木叶成分的分析比较. 食品科学，2016，37：160-164.

［3］ 窦营，余学军. 世界竹产业的发展与比较［J］. 世界农业，2008，375：18-20.

［4］ 傅宪华，俞薛葵，任叶根，等. 开发利用笋壳饲料资源的调查研究［J］. 浙江畜牧兽医，1997，1：21-22.

［5］ 高雪娟. 竹笋壳提取物的成分和生物活性研究［D］. 北京：北京林业大学，2011：13-19.

［6］ 顾小平，王永锡. 几种竹笋单宁含量的分析比较［J］. 林业科学研究，1989（1）：98-99.

［7］ 韩素芳，丁明，岳晋军. 竹笋中生氰糖苷含量的测定［J］. 分析仪器，2010（1）：51-53.

［8］ 贾燕芳，石伟勇. 不同添加剂对笋壳青贮发酵品质的影响［J］. 浙江农业科学，2011，2：341-343.

[9] 刘大群，陈文烜，华颖．混合乳酸菌对笋壳青贮品质的影响［J］．动物营养学报，2015，27（6）：1 963-1 969.

[10] 柳俊超，王亚琴，姜俊芳，等．笋壳与麦麸混合青贮的研究［J］．浙江农业科学，2015，56（11）：1 888-1 890.

[11] 马俊南，司丙文，李成旭，等．体外产气法评价南方经济作物副产物对肉牛的营养价值［J］．饲料工业，2016：9.

[12] 倪晓燕，黄清波，周建华，等．竹叶复合颗粒饲料加工工艺及其喂羊试验［J］．畜牧与饲料科学，2010，2：50-51.

[13] 饶之坤，封良燕，李聪，等．辣木营养成分分析研究［J］．现代仪器，2007，2：18-20.

[14] 王力生，齐永玲，陈芳，等．不同添加剂对笋壳青贮品质及营养价值的影响［J］．草业学报，2013，22（5）：326-332.

[15] 王小芹，刘建新．笋壳中添加稻草和麸皮复合青贮对青贮料发酵品质和饲养价值的影响［J］．动物营养学报，1999，11（3）：64.

[16] 王小芹，刘建新．笋壳饲料营养价值的评定，第三届全国饲料营养学术研讨会论文集［C］．1998.

[17] 王兴菊，李周权，唐正菊．大麻叶竹笋壳饲用价值的研究［J］．四川畜牧兽医，2010，（12）：30-32.

[18] 王一民，余志根．鲜笋壳青贮料饲喂肉羊技术研究［J］．杭州农业与科技，2013，S1：34-35.

[19] 王音，沈勇猛，侯冠华．固态发酵笋壳生产饲料菌种混合配比优化研究［J］．价值工程，2014，28：316-318.

[20] 杨东顺，樊建麟，邵金良，等．辣木不同部位主要营养成分及氨基酸含量比较分析［J］．山西农业科学，2015，43（9）：1110-1115.

[21] 叶泥，汪水平，王明春，等．日粮中麻竹笋笋节不同添加比例对肉兔生产性能与血液指标的影响［J］．中国饲料，2011，2：28-30.

[22] 应如朗，王敏亚，王国龙．饲喂变质窖贮笋壳对奶牛健康的影响［J］．上海奶牛，2000，2：23-24.

[23] 余斌．竹笋废弃物发酵料在肉羊饲喂中的应用［J］．中国畜牧业，2016，5：43-44.

[24] 赵丽萍，周振明，任丽萍，等．笋壳作为动物饲料利用研究进展［J］．中国畜牧杂志，2013，49（13）：77-80.

[25] 周兆祥，楼彭寿，王卫民．竹笋罐头生产下脚料喂猪试验［J］．浙江林学院学报，1992，9（2）：221-225.

[26] 周兆祥．新鲜笋壳游离氨基酸的组分［J］．浙江林学院学报，1990（6）：24-25.

[27] 周兆祥．竹笋壳的化学成分［J］．浙江林学院学报，1991（1）：54-59.

[28] Akinyemi A F, Julius A A, Adebowale N E. Digestibility, nitrogen balance and haematological profile of West African dwarf sheep fed dietary levels of *Moringa oleifera* as supplement to Panicum maximum［J］. Journal of American Science, 2010, 10: 634-643.

[29] Aregheore, E.M. Intake and digestibility of *Moringao leifera*-batikigrass mixtures by growing goats［J］. Small Ruminant Research.2002, 46: 23-28.

[30] Asaolu V.O., Binuomote R.T, Akinlade J.A., Utilization of *Mroinga oleifera* fodder combinations with African dwarf goats [J]. International Journal of Agricultural Research, 2011, 68: 607-619.

[31] Asaolu V.O., Odeyinka S.M., Akinbamijo O.O.Effects of moringa and bambooleaves on groundnut hay utilization by West African dwarf goats [J]. Livestock Reasearch for Rural Development. 2010, 22, 221-226.

[32] Busani M., Patrick J., Masika, Arnold H.Voster M.Nutritional characterization of Moringa (*Moringa oleifera* Lam.) leaves [J]. African Journal of Biotechnology, 2011, 60: 12 925-12 933.

[33] Danner H M, Holzer E, Mayrhuber, et al.Acetic acid increases stability of silage under aerobic conditions [J]. Applied and Environmental Microbiology, 2003 (1): 562-567.

[34] Dongmeza E, Siddhuraju P, Francis G., Effects of dehydrated methanol extracts of moringa (*Moringa oleifera* Lam.) leaves and three of its fractions on growth performance and feed nutrient assimilation in Nile tilapia (*Oreochromis niloticus* L.) [J]. Aquaculture, 2006, 261: 407-422.

[35] Gadziray C.T., Masamha B., Mupangwa J.F. Performance of broiler chickens fed on mature Moringa oleifera leaf meal as a protein supplement to soybean meal [J]. International Journal of Poultry Science, 2012, 111: 5-10.

[36] Gupta K., Barat G.K., Wagle D.S., Nutrient contents and antinutritional factors in conventional and non-conventional leafy vegetables [J]. Food Chemistry, 1989, 31: 105-116.

[37] Katsuzaki H, Sakai K, Achiwa Y, et al.Isolation of antioxidativecompounds from bamboo shoots sheath [J]. J Jpn Soc Food SciTechnol, 1999, 46 (7): 491-493.

[38] Kung L C, Myers J, Neylon, et al.The effects of bufferedpropionic acid-based additives alone or combined with microbialinoculation on the fermentation of high moisture corn and whole cropbarley [J]. Journal of Dairy Science, 2004 (5): 1 310-1 316.

[39] Liu J X, Wang X Q, Shi Z Q, et al.Nutritional evaluation of bamboo shoot shell and its effect as suppl ementary feed on performance of heifers offered ammoniated rice straw diets [J]. Asian-Aust J Anim Sci, 2000, 13 (10): 1 388-1 393.

[40] Luu H.M., Nguyen N.X.D., Tran P.N.Introduction and evaluation of *Moringa oleifera* for biomass production and as feed for goats in the Mekong delta [J]. Livestock Research for Rural Development, 2005, 179: 138-143.

[41] Melesse A., Steingass H., Boguhn J.Effedts of elevation and season on nutrient composition of leaves and green pods of *Moringa stenopetala* and *Moringa oleifera* [J]. Agroforesttry Systems, 2012, 116-128.

[42] Mendieta-Araica, B.Spörndly E., Reyes-Aänchez N., Silage quality when *moringa oleifera* is ensiled in mixtures with elephant grass, sugarcane and molasses [J]. General & Introductory Agriculture, 2009, 64: 264-373.

[43] Mendieta-Araica, B.Moringa oleifera as an alternative fodder for dairy cows in Nicaragua.Doctoral thesis [J]. Uppsala: Swedish University of Agricultural Sciences, 2011: 1-58.

[44] Mendieta-Araica, B., Spörndly, E., Reyes-Sánchez, N., Spörndly, R.Feeding *Moringa oleifera* fresh or ensiled to dairy cows-effects on milk yield and milk flavor [J]. Tropical Animal

Health Production, 2011, 43: 1 039-1 047.

[45] Nadir R S, Eva S, Inger L.Effect of feeding different levels of foliage of *Moringa oleifera* to creole dairy cows on intake, digestibility, milk production and composition [J]. Livestock Science, 2006, 10: 24-31.

[46] Nazael M.Novel feed ingredients for Nile tilapia (*Oreochromis niloticus* L.).Doctoral thesis [J]. Scotland: University of Stirling Scotlang, 2008.

[47] Sarwatt S.V., Kapange S.S., Kakengi A.M.V.Substituting sunflower seed-cake with Moringa oleifera leaves as a supple mental goat feed in Tanzania [J]. Agroforestry Systems. 2002, 56: 241-247.

[48] Sarwatt, S., Milang'ha, M., Lekule, F., Madalla, N.*Moringa oleifera* and cottonseed cake as supplements for small holder dairy cows fed Napiergrass [J]. Livestock Research Rural Development, 2004, 16: 6.